Travel **S**chedule
여행 일정

MEMO

끄적 끄적

주머니에 쏙! 가벼운 발걸음!

GO

Happy Tour

호주

AUSTRALIA

혜지원

이 책을 보는 방법
How to Use This Book

이 책은 크게 지역별 소개와 여행 정보 두 부분으로 나뉘어져 있습니다. 지역별 소개 부분에서는 호주를 시드니(록스, 달링, 다운타운, 본다이 비치, 패딩턴, 킹스 크로스), 시드니 근교(센트럴 코스트, 울런공, 헌터 밸리, 블루 마운틴), 멜버른, 퀸즐랜드(케언스, 브리즈번, 골드 코스트), 호주 서부(퍼스, 프리맨틀, 피너클 사막, 웨이브 록) 지역으로 나누어 소개하였고 각 지역의 교통 정보와 지도를 소개하였습니다. 또 명소, 쇼핑, 식당, 숙소 등을 나누어 소개하여 여행자가 자유롭게 일정을 계획하기에 편리합니다.

여행 정보 부분에서는 호주의 비자, 비행기, 여행 문의 및 교통 등의 정보를 소개하여 여행 시 필요한 사항을 만족시킵니다.

여행 중에 필요한 정보를 쉽게 찾을 수 있도록 관광 명소, 상점, 식당, 숙소의 전화번호, 팩스, 주소, 홈페이지, 개점시간, 휴업시간, 교통 등을 포함한 기본 정보를 수록하였고, 글씨를 확대하여 여행 중에도 편하게 읽을 수 있을 뿐만 아니라 알아보기 쉬운 범례로 표시하였습니다.

♿ 지도페이지 & 좌표	Ⓕ 팩스	홈페이지
🌀 교통	⏱ 영업시간	@ E-mail
🏠 주소	休 휴업일	
☎ 전화	$ 가격	

이 책에 표기된 가격은 호주달러를 기준으로 하였습니다. 1A$는 한화 약 940원입니다. 책 속에 수록된 자료(교통, 비용, 개점시간, 주소, 전화 등)는 각각 2008년 4월 이전에 수집된 자료를 기준으로 하였으며, 비용 부분은 특별히 변동되기 쉬우니 참고하시기 바랍니다.

주머니에 쏙! 가벼운 발걸음! Happy Tour 호주

◉ **가볍고 편안한 크기, 두껍고 무거운 여행서는 BYE BYE!**
크기 10×21cm, 무게 200g, 편안하고 부담이 없어 주머니든 가방이든 어디든지 OK!!

◉ **만족스러운 정보들이 ALL IN ONE!**
알짜 정보만 모아서 꼭 가보아야 할 관광 명소, 맛보아야 할 음식, 쇼핑 장소에 대한 정보를 모두 수록하였습니다.

◉ **효율적인 구성으로 언제 어디서든 쉽게 찾아 사용한다!**
각 지역을 장과 절로 나누고 지도를 수록하여 필요한 정보를 쉽게 찾을 수 있습니다.

◉ **관광 명소＋식당＋쇼핑＋숙소, 나도 이제 여행전문가!**
책에 수록된 곳을 스스로 선택하여 자신이 원하는 완벽한 여행계획(2박 3일, 4박 5일)을 짤 수 있습니다.

◉ **여행 필수 품목 No.1!**
참신하고 예쁜 디자인, 한손에 쏙 들어가는 사이즈, 비닐 표지로 싸여있어 어디든지 들고 다닐 수 있습니다.

지역 명칭
지역별 지도
교통 정보
명소 정보

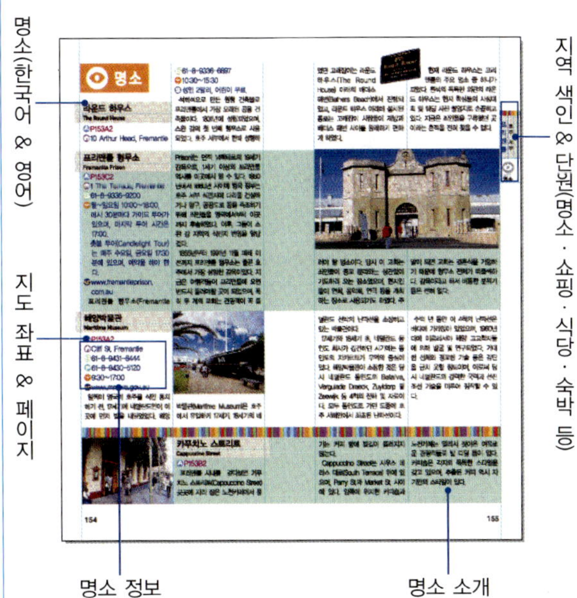

명소(한국어 & 영어)
지도 좌표 & 페이지
지역 색인 & 단원(명소·쇼핑·식당·숙박 등)
명소 정보
명소 소개

시드니

호주, Let's GO!

가장 인기 있는 4가지 여행 방법

방법 1 패션 거리에서의 쇼핑

시드니의 다원화된 문화는 다양한 라이프스타일이 공존하도록 하였고, 시드니 사람들은 개성있는 거리에서 자기 스타일의 쇼핑을 하고 있다. 이러한 지역에는 빅토리아 스트리트(Victoria Street), 퀸 스트리트(Queen Street), 윌리엄 스트리트(William Street) 및 더블 베이 (Double Bay) 등이 있다.

방법 2 호주 디자이너 브랜드 쇼핑

호주 디자이너는 독특한 창의력으로 전 세계 패션계에 영향력을 점차 넓히고 있다. 니콜 키드먼, 제니퍼 로페즈 등의 국제적 스타도 호주의 디자이너 브랜드를 애용하고 있다. Akira Isogawa, Lisa Ho, Collette Dinnigan, Alannah Hill 등은 모두 뛰어난 브랜드들이다.

방법 3 노천 시장에서의 즐거움 찾기

만약 시드니 시민의 라이프스타일을 제대로 경험하고 싶다면 대로 및 작은 골목에 있는 시장들을 찾아가자. 시드니 사람들이 어떤 물건을 사는지 구경하면서 생각지도 못한 보물을 사서 집에 돌아갈 수 있을지도 모른다.

방법 4 어드벤처 대탐험

명소, 맛있는 음식, 쇼핑 외에도 시드니에서는 재미있는 모험을 다양하게 즐길 수 있다. 예를 들어 쾌속정을 타고 시드니 항만을 둘러본다든지, 헬리콥터를 타는 것, 자기의 담력을 시험해 볼 수 있는 하버 브리지 클라임 등도 관광객들의 인기를 얻고 있다.

여행 달인의 추천루트

시드니 3박 5일 코스

DAY1 시드니 도착

DAY2 시드니 아쿠아리움 ▶ 시드니 타워 및 전망대 ▶ 시드니 달링하버 유람선

DAY3 록스 지역 ▶ 서큘러 키 ▶ 하버 브릿지 ▶ 시드니 오페라 하우스

DAY4 본다이 비치에서 물놀이(일요일에는 본다이 마켓 쇼핑도 가능) ▶ 시내 쇼핑

DAY5 시드니 공항

시드니 + 브리즈번 4박 6일 코스

DAY1 시드니에 도착

DAY2 시드니 아쿠아리움 ▶ 시드니 타워 및 전망대 ▶ 시드니 달링하버 유람선

DAY3 시내 쇼핑 ▶ 록스 지역 ▶ 서큘러 키 ▶ 하버 브릿지 ▶ 시드니 오페라 하우스

DAY4 브리즈번 ▶ 론파인 코알라 보호구역

DAY5 골드 코스트 ▶ 씨 월드 ▶ 워너 브라더스 무비월드

DAY6 브리즈번 공항

시드너
Sydney
14 록스+서큘러 키
The Rocks + Circular Quay
28 달링 하버
Darling Harbor
34 다운타운
CBD
44 본다이 비치
Bondi Beach
49 패딩턴 & 울라라
Paddington & Woollahra
65 킹스 크로스
Kings Cross

OPERA BAR

시드니 전도
Sydney City

THE ROCKS

DARLING HARBOUR

호주 국립 해상 박물관
Australian National Maritime Museum

JOHN ST SQ
CASINO
PYRMONT BAY
스타 시티(Casino)
Star City(Casino)
John St.
Harris St.
Union St.
HORBOURSIDE STN
FISH MARKETS
Pyrmont Bridge Rd.
Pyrmont St.
시드니 어시장
Sydney Fish Market
WETNWORTH PK
Sydney Convention Centre
Harbourside Shopping Centre
CONVENTION STN
Bulwarra Rd.
Harrist St.
William Henry St.
Powerhouse Museum
Pier St.

시드니 아쿠아리움
Sydney Aquarium
Pyrmont Bridge
DARLING PK STN
퀸 빅토리아 빌딩
QVB
CITY CTR
Druitt St.
인포메이션 센터
TOWN HALL STN
Bathurst St.
아이맥스 영화관
Imax Theatre
인포메이션 센터
달링 하버
DARLING HARBOUR
Chinese Gard
Sydney Exhibition Centre
EXHIBITION STN
GARD PLAZA
Gou
시드니 엔터
Sydney Er
POWERHOMSE MUSEUM
CAPI
HAYMARKET STN
Darling Dr.
George St.

Bradfield Highway
Hickson Rd
Argyle St.
Playfair St.
현대 미
Muse
CIP
Hickson Rd.
Kent St.
Harrington St.
Mu
WYNYARD STN
Western Distributor
York St.
George St.
King
Kent Sts
Clarence St.
더 스트랜
아케이드
The Strand
Market St.
Sussex St.
Wheat St.
Harbour St.
WORLD
Darling Dr.
George St.

Homebus
14km

기호
박물관   명소   인포메이션 센터   Monorail
호텔   쇼핑   필수 코스   Light Rail
빌딩   공원   고속도로   지하철

C
D
1
2
3
4
5
크릿지
ur Bridge
센터
ntemporary Art
LAR QUAY
HUAY STN
Custom House
Phillip St.
ydney
Bent St.
시드니 오페라 하우스
Sydney Opera House
Mrs. Macquaries Chair
Woolloomooloo Bay
보타닉 식물원
Royal Botanic Gardens
WOOLLOOMOOLOO
Wylde St.
Cahill Expwy
State Parliament House
Macquarie St.
N PL STN
Castlereagh St.
Elizabeth St.
Phillip St.
타워
Tower
St.James Rd.
Prince Albert Rd.
Art Gallery Road
W Hotel
Cowper Wharf Roadway
Sir John Young Cr.
뉴 사우스웨일스 미술관
Art Gallery of NSW
Nicholson St.
Victoria St.
KINGS CROSS
ST JAMES STN
Sydney Central Plaza
하이드 파크
Hyde Park
Cathedral St.
Dowling St.
Mcelhone St.
Darlinghurst Rd.
Bayswater Rd.
SYDNEY CITY
ARK PLAZA ATN
Park St.
y Town Hall
College St.
Riley St.
Crown St.
Palmer St.
William St.
Forbes St.
KINGS CROSS STN
Australian Museum
The Kirketon
Stanley St.
The Medusa
Castlereagh St.
Elizabeth St.
MUSEUM STN
Livepool St.
Bourke St.
Darlinghurst Rd.
Victoria St.
St.
Wentworth Av.
Brisbane St.
Oxford St.
Goulburn St.
DARLINGHURST
Oxford St.
Barcom Av.
ent
Campbell St.
Reservoir St.
PADDINGTON
Flinders St.
Southdowling St.
Napier St.
Bondi Beach 4.5km
SURRY HILLS
NTRAL

록스 + 서큘러 키

The Rocks + Circular Quay

록스(The Rocks)는 시드니에서 가장 번화한 지역 중의 하나이다. 원래 현지 원주민들의 거주지였으며, 1788년에 유럽인들이 처음으로 발을 내디딘 지역이기도 하다. 이 지역은 유적지와 현대적 건물이 병존하고 있어 신, 구 문화 융합의 상징인 동시에, 예술가들이 모이는 장소이기도 하다. 매주 주말에 열리는 골동품 시장은 아주 특별하다. 서로 다른 문화적 특징을 지닌 음악, 식품, 예술, 수공예, 오락 등이 어우러져 다원화된 사회를 이루고 있다.

시드니 항만의 서큘러 키(Circular Quay)는 시드니 수상 교통의 요충지로, 앞쪽은 시드니에서 각지로 출발하는 페리들이 모여 있고, 뒤에는 기차역이 있어 유동인구가 매우 많다. 인근에는 시드니를 대표하는 오페라 하우스와 하버 브리지가 관광객들의 발길을 이곳으로 이끌고 있다. 또 유명한 명소 및 레스토랑 등이 위치하고 있어 서큘러 키야말로 시드니에서 가장 인기 있는 관광지라고 할 수 있다.

교통 정보

◎ 버스

시드니 공항에서 시내까지의 교통은 아주 편리하다. Sydney Airport Express의 Route 300을 타고 록스, 서큘러 키에서 내리면 된다. 매 20분마다 한 차례의 공항버스가 있다.

◎ 지하철(City Rail)

시드니의 각 지역으로 뻗어 있는 지하철은 시드니의 보편적인 대중교통 수단이다. 10개의 지하철 노선이 있으며, 서큘러 키도 지하철 역 중의 하나이다.

◎ 시내 교통

록스와 서큘러 키에는 유명 명소들이 집중되어 있다. 도보로 30분이면 거의 모든 명소에 도착할 수 있다. 예를 들어 록스에서 서큘러 키까지는 도보로 5분이면 도착하며, 천천히 걸어 다니기에 적합하다.

◎ 여행자 센터

록스 George Street 106번지에 위치한 시드니 여행자 센터에서는 시드니 여행 정보를 제공한다. 특히 록스, 서큘러 키에 대한 정보가 많다. 개방 시간은 9:00~18:00이다.

◎ 여행 정보

🐲 www.therocks.com, 록스 지역의 레스토랑, 상점 및 여행 정보 제공.
🐲 www.131500.com.au, 시드니 대중교통 정보 제공. 버스, 기차 및 페리 등의 시간표 포함.

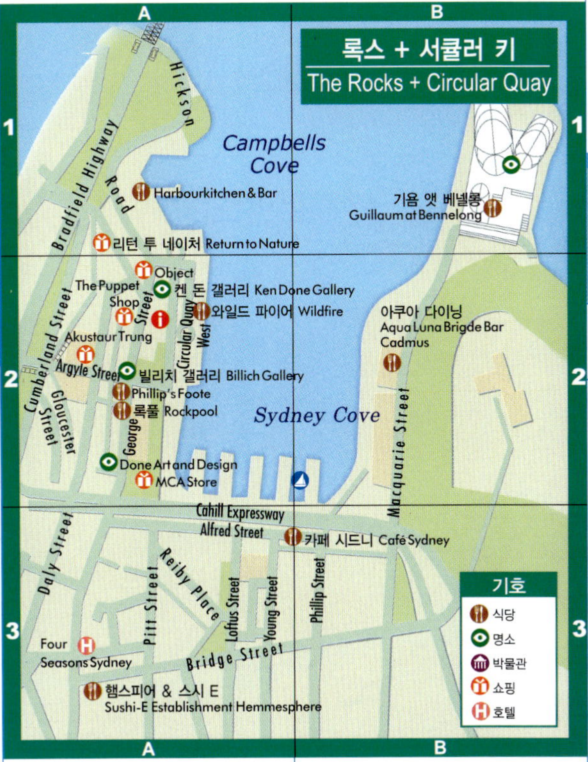

록스 + 서큘러 키
The Rocks + Circular Quay

명소

시드니 여행자 센터
Sydney Visitor Center

P12B4

106, George Street

61-2-9255-1788

9:00~18:00

시드니 여행자 센터(Sydney Visitor Center)는 록스 지역 외에도 시드니 시내 및 사우스웨일스 지역의 관광 명소, 상세한 지도 및 숙박 시설 등에 대한 다양한 정보를 제공하고 있기 때문에 배낭여행자들에게 지나쳐서는 안 될 중요한 보물창고 같은 곳이다. 센터에는 셀프 예약 시스템이 준비되어 있어 직접 호텔을 예약하거나 패키지여행 프로그램 등을 예약할 수 있다.

시드니 여행자 센터 자체도 록스 지역의 중요한 볼거리 중의 하나인데, 이 지역 유일의 백색 건물이라는 점과 함께 2, 3층에는 시드니 항만의 200년 발전사를 전시하고 있기 때문이다. 다큐멘터리를 비롯하여 사진 등 다양한 전시품이 있고, 1층에는 기념품 및 엽서 등을 판매하고 있다.

시드니 오페라 하우스

Sydney Opera House

P13C1

Bennelong Point, GPO Box 4274

61-2-9250-7777

www.soh.nsw.gov.au

티켓 구입 :
월~토요일 9:00~ 20:30
일요일 공연 티켓은 공연 시작
2시간 30분 전까지 판매.

시드니 오페라 하우스
(Sydney Opera House)는 시드니 예술 문화의 전당일 뿐만 아니라, 시드니의 영혼이다. 세계 각지에서 온 관광객들은 하루도 빼놓지 않고 이곳으로 찾아와 이른 아침, 저녁, 늦은 밤까지 사진을 찍으며 관광을 하고 있다. 천천히 걸으면서 이곳을 둘러보거나, 혹은 페리를 타고 여행을 하는 등 오페라 하우스는 각기 다른 모습으로 사람들을 유혹하고 있다.

시드니 오페라 하우스의 외관은 바람을 가르고 바다에 출항하는 배의 돛을 형상화하였고, 주변의 풍경과 절묘하게 어울린다. 시드니 오페라 하우스는 50년대부터 공사를 구상하여, 1955년에는 공개적으로 세계 각지에 디자인 공모를 하였다. 1956년까지 32개 국가의 233개 작품 중에서 덴마크 건축가인 요른 우츤(Jorn Utzon)의 디자인이 최종 선택되어 총 16년의 공사기간 동안 1,200만 호주달러를 써서 공사를 완성하였다.

공사 과정에서 호주 정부와 요른 우츤과의 불화로 이 건축가는 1966년 호주를 떠나게 되었다. 이로부터 다시는 호주에 발을 딛지

않았고, 자신의 대표적인 작품도 직접 보지 않았다. 그 후의 작업은 Peter Hall, Lionel Todd 및 David Littlemore 등 3명의 호주 건축가들이 협력하여 완성하였고, 1973년 10월 20일에 정식으로 개관하였다.

시드니 오페라 하우스에서는 매년 약 3,000회의 공연이 개최되며, 약 200만 명의 관람객들이 이곳을 찾고 있으니 그야말로 세계 최대의 공연예술의 중심이라고 할 수 있다.

오페라 하우스의 흰색 지붕은 1백만여 장의 스웨덴 타일을 깔아서 만든 것이며 특수 처리 과정을 거친 것으로 바닷바람에 의한 손상을 걱정할 필요가 없다. 지붕 아래에는 시드니 오페라 하우스의 대표적인 공연 장소인 콘서트 홀(Concert Hall)과 오페라 극장(Opera Theater)이 있다. 시드니 오페라 하우스에서 공연을 즐기려면 홈페이지에서 공연 프로그램을 조회한 후 좌석을 예매하면 된다.

시드니 오페라 하우스 투어
Sydney Opera House Tour

🔺**P13C1**

　오페라 하우스의 진면목을 보고자 한다면, 전문 가이드와 함께 오페라 하우스 투어에 참가해보자. 동시에 오페라 하우스의 역사, 배경 이야기, 건축 설계의 특징 등에 대한 상세한 설명도 들을 수 있다. 투어 프로그램에는 Front of House, Backstage Tour, Bennelong Walk 등 3가지가 있어 자유롭게 선택이 가능하다. 부활절과 크리스마스를 제외하고는 1년 내내 8:30부터 17:00까지 시드니 오페라 하우스 투어가 진행된다. 투어는 약 1시간 정도이며, 영어로 설명된다. 비용은 프로그램에 따라 다르다.

　오페라 하우스 투어는 오페라 하우스 건축을 연구한 건축가 또는 엔지

뉴 사우스웨일스 미술관
Art Gallery of New South Wales

🔺**P13D3**

🏠Art Gallery Road, The Domain, Sydney NSW 2000

💲61-2-9225-1744

💲특별 전시 외에는 무료입장 가능.

시드니 하버 브리지
Sydney Harbour Bridge

🔺**P12B1**

🏠5 Cumberland Street, The Rocks

💲61-2-8274-7777

🌐www.bridgeclimb.com

💲월~금요일 저녁, 낮 시간대 : 성인 165달러, 어린이(12세~16세) 100달러,
　주말 : 성인 185달러, 어린이(12~16세) 125달러,
　일출 감상 시간 : 성인 245달러, 어린이 185달러

　시드니의 대표적 명물 중의 하나인 하버 브리지(Sydney Harbour Bridge)는 록스의 어느 곳에서든지 볼 수 있다. 다리의 아치 길이는 503m, 전체 길이는 1,149m이며, 해수면과 아치까지의 높이는 134m이고, 해면에서 도로까지의 높이는 49m이다. 세계 최대의 강철 아치 다리이며, 호주 건축 기술의 내세울 만한 성취로 기록되고 있다. 하버 브리지는 다리의 구조, 시공 난이도, 디자인 등 어느 것 하나 빠지지 않고 모두 사람들에게 큰 즐거움을 주고 있다.

　하버 브리지는 시드니 항만의 교통에 있어 빼놓을 수 없는 중추적 역할을 담당하고 있으며, 절대적으로 뛰어난 지리적 위치로 인해 관광 가치 역시 지속적으로 올라가고 있다. 최근에 등장한 브리지 클라임

니어 등이 전문적으로 설명해주는 프로그램이며, 참가자들을 이끌고 일반 관광객들이 들어갈 수 없는 지역을 소개한다. 참관 시간은 약 1시간 30분에서 2시간 정도이며, 비용은 35달러이다. 투어 참가 등록은 시드니 오페라 하우스 극장 아래의 Guided Tours Office에서 하면 된다.

🕐 10:00~17:00
❗ 무료 가이드 투어
　월요일 13:00, 14:00
　화~금요일 11:00, 12:00, 13:00, 14:00
　토~일요일 11:00, 13:00, 14:00
🔗 www.artgallery.nsw.gov.au

뉴 사우스웨일스 주는 호주에서 가장 먼저 개발된 지역으로, 호주 문화의 중심지이기도 하다. 이 지역의 뉴 사우스웨일스 미술관(Art Gallery of NSW)은 비록 호주에서 가장 큰 미술관은 아니지만, 가장 뛰어난 예술 작품들을 소장하고 있다. 그중에서도 1층의 이리바나 토착민 및 토리스 해협 도민의 갤러리는 원주민 문물을 소장하고 있는 가장 큰 전시관이며, 가장 많은 외국 관광객들을 유치하고 있다.

미술관에는 19, 20세기의 호주 예술을 포함하여, 15~19세기의 유럽 예술, 아시아 예술 등을 전시하고 있으며, 또한 임시 전시관도 있어 다양한 예술 문화 작품들을 전시하고 있다. 또 일부 중국, 일본 및 동남아시아 각국의 정교한 예술품도 소장하고 있다.

(Bridge Climb) 프로그램도 많은 사랑을 받고 있으니 남녀노소를 불문하고 기회가 된다면 직접 시도해보자.

브리지 클라임은 낮과 밤 시간대로 구분되어 진행되는데, 철로 된 안전 로프 등 필요한 장비, 설비를 비롯하여 어떻게 장비를 이용하여 다리 위로 올라가는지 등에 대한 설명을 듣게 된다. 다리의 높은 곳에는 바람이 많이 불기 때문에 방한복을 제공하며 각 과정은 아주 세심하고 주도면밀하게 준비되어 있다. 하지만 규정상 등반 시에는 어떠한 물품도 휴대할 수 없다. 전체 등반에는 약 4시간이 소요되며, 날씨가 좋은 낮의 항만의 모습이나 혹은 화려한 야간 조명이 비치는 밤의 풍경 모두 잊지 못할 추억이 될 것이다.

현대 미술관
The Museum of Contemporary Art

🌀 P12B2
🏠 140 George St. The Rocks
　NSW 2000
☎ 61-2-9245-2400
🌐 www.mca.com.au
🕐 10:00~17:00
　월~금요일 11:00, 14:00
　주말 12:00, 13:30
㉮ 크리스마스
💲 무료

　일반적으로 MCA라고 줄여서 불리는 현대 미술관(The Museum of Contemporary Art)은 시드니에서 유명한 박물관 중의 하나이다. 록스 지역에 위치하고 있어 수많은 관광객들의 주목을 받는다는 점 외에도 그 자체의 건축 디자인 및 내부 전시 등에서 시드니 현대 유행 스타일을 엿볼 수 있어 관광객들이 많이 찾는다. 서큘러 키를 멀리 조망할 수 있는 MCA Café는 이 지역의 유명한 레스토랑이다.

　MCA는 호주에서 세계 각지의 현대 예술 작품 전시에 가장 주력하는 박물관으로 1991년 11월에 개관하였다. 3층으로 된 건물에는 고정된 형식의 전시관이 없다. 전시품은 주로 그림을 비롯하여 조각, 전자예술(Electronic Art) 등 세계 각지에서 건너온 창작품들이다.

켄 돈 갤러리
The Ken Done Gallery

🌀 P15A2
🏠 1 Hickson Road The
　Rocks NSW 200
☎ 61-2-9247-2740
🌐 www.done.com.au
🕐 10:00~18:00
㉮ 크리스마스
💲 무료 관람

　Ken Done은 호주의 유명 현대 예술가 겸 디자이너이다. 그의 디자인 제품에는 옷, 손수건, 생활용품 등이 있고 포스터, 엽서 등도 모두 세계 각지로부터 사랑받고 있다. 풍부한 색채를 사용하여 재미와 즐거운 분위기가 충분히 드러나는 그의 작품들은 최근 일본에서 특히 인기가 많다.

　Ken Done의 작품에서 흔히 볼 수 있는 주제는 대자연이며, 특히 "인류의 영혼과 대자연 간의 대화"를 강조하고 있다.

빌리치 갤러리
Bilich Gallery

🌀 P15A2
🏠 100 George Street
☎ 61-2-9252-1481

　Charles Bilich는 호주의 저명 예술가인 동시에 1996년 애틀랜타, 2000년 시드니 올림픽 지정 예술가이다.

　그는 40년 창작 생애 중 수많은 풍랑과 좌절을 겪었다. 이탈리아 잡지에 풍자적 문장을 기고하면서 감옥에 갔던 경험은 그의 창작 스타일에 적잖은 영향을 미쳤다. 그 후 오스트리아 잘츠부르크에서 창작 활동에 매진하다가 1956년에 호주로 이주했다.

　그의 작품은 전 세계에 전시되어 있으며, 빌리치 갤러리(Bilich Gallery)에도 많은 작품이 전시되어 있다.

🎁 쇼핑

시드니 오페라 하우스 마켓
Sydney Opera House Market

🧭 P13C1

🏠 시드니 오페라 하우스 앞의 광장

🕐 일요일 9:00~16:00

 오페라 키를 따라 산책하면 시드니 항만의 아름다운 풍경을 감상하면서 항만에서 불어오는 가벼운 바닷바람을 편안하게 즐길 수 있다.

 매주 일요일, 시드니 오페라 하우스 마켓(Sydney Opera House Market)은 이곳, 오페라 키에서 열리며 수많은 노점상들이 높은 수준의 공예품과 호주의 특색 있는 기념품 등을 판매한다. 특히 관광객들에게 볼거리가 많은 시장이다.

리턴 투 네이쳐
Return to Nature

🧭 P15A1

🏠 Shop 29, The Argyle Terrace, Playfair Street

📞 61-2-9251-7082

💲 목각인형 89달러~

 멀리서 이 매장의 정문을 바라보면 테라스에 여러 명의 남자아이들이 엎드려 있는 듯한 모습을 볼 수 있다. 하지만 가까이 가서 보면 실제 사람으로 착각할 만한 목각인형임을 알게 될 것이다. 매장 안에서는 개구쟁이 목각인형들이 사람들의 동심을 자극하고 있다.

 왜 개구쟁이라고 할까? 사장의 말에 따르면 모든 목각인형은 마치 뭔가를 잘못한 표정으로 얼굴이 아래를 보도록 디자인되어 있다고 한다. 각 나무 인형에는 자기 이름과 잘못한 이유 등이 적혀 있다.

 리턴 투 네이쳐(Return to Nature)의 모든 목각인형은 수작업으로 제작된 것이며 목각 인형 외에도 유칼립투스 나무껍질과 씨를 이용하여 만든 각종 제품이 있다.

Akustaur Trung

P15A2
Level 1, Argyle Stores, 18-24 Argyle St. The Rocks
61-2-9252-8828
10:00~18:00
목요일 10:00~17:00

이 매장은 오리엔탈 스타일로 꾸며진 최신 유행의 여성 부티크이다. 매장 내의 옷들은 가벼운 소재로 만들어진 것이며 심플하지만 라인이 있고, 색상은 단일하지만 결코 단조롭지는 않다. 디자이너의 이름은 Akustaur Trung이며 베트남계 디자이너이다. 그가 디자인한 의상들은 독특한 퓨전 스타일로, 자바 예술뿐만 아니라, 스타일리쉬한 일본풍 허리띠까지 모두 매력적이다.

록스 마켓
The Rocks Market

George St.와 Atherden St.의 교차로에 위치하며, 시드니 하버 브리지 아래까지 연결되어 있다.

토~일요일 10:00~17:00

보통 현금으로 거래하며, 일부 노점상만이 신용카드를 받는다.

록스 마켓(The Rocks Market)은 시드니에서 가장 유명한 주말 시장으로, George St.와 Atherden St.의 교차로부터 시작하여 시드니 하버 브리지 아래까지 이어져있다. 매번 150여 개의 노점상들이 흰 천막 아래에 모여들고, 독특한 스타일의 액세서리, 찻잔받침(코스터), 동물모양 나무 조각, 나무껍질 씨앗 공예제품에서부터 집에서 만든 잼, 고추기름, 천 인형, 완구, 기념품 등 다양한 제품을 판매한다. 대부분의 제품이 호주 또는 시드니 현지의 예술가, 디자이너 등의 작품들이며 그들의 작품들을 통해 호주의 해학과 사고방식 등을 느낄 수 있다.

멋진 거리 공연은 "The Rocks Market"의 특징 중의 하나이다. 음악을 포함하여 춤, 코미디 등 각종 공연이 이곳에서 벌어진다. 특히 음악이 가장 인기 있는데, 재즈, 블루스, 팝, 원주민 음악을 비롯하여 아프리카, 유럽, 미국, 중남미 등의 외국 단체가 공연할 때도 있다.

매월 출판되는 "THE ROCKS-WHATS ON"에서는 해당 월에 The Rocks Market에서 예정된 공연 프로그램에 대한 장소, 시간, 공연내용 및 공연단체 소개 등을 상세하게 설명하고 있다. 또한 록스 지역의 기타 예술 전시 프로그램도 소개하고 있다. 이 책자는 록스 지역의 여행자 서비스 센터에서 무료로 받을 수 있다.

 식당

와일드파이어
Wildfire

- P15A2
- Overseas Passenger Terminal, Circular Quay West, Sydney NSW 2000
- 61-2-8273-1222
- 일~목요일 12:00~24:00
  금~토요일 12:00~25:00
- www.wildfiresydney.com

2002년에 오픈하여 시드니 최우수 뉴 레스토랑에 선정된 와일드파이어(Wildfire)는 서큘러 키에 위치하고 있다. 원래는 국제우편 수송선 및 여객선 터미널이 있던 건물이었지만 이것을 레스토랑으로 개조한

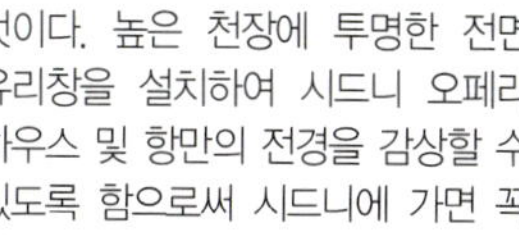식당

것이다. 높은 천장에 투명한 전면 유리창을 설치하여 시드니 오페라하우스 및 항만의 전경을 감상할 수 있도록 함으로써 시드니에 가면 꼭 한번 들러야 할 명소가 되었다.

Wildfire는 "불"과 "얼음"을 이용하여 음식을 요리한다. "얼음"은 캐나다의 가장 신선한 해산물을 테이블에 놓을 때 저온으로 신선도를 유지하는 데 사용되고, 장식으로도 사용된다. "불"은 대형 개방형 주방에서 원목을 사용하여 철판 위에서 신선한 꼬치와 해산물을 굽는 데 사용된다. 이러한 라틴 및 지중해 스타일의 요리는 구울 때 원목의 향이 레스토랑 전체에 퍼지게 한다.

해산물을 좋아하는 사람은 구운 랍스터에 레몬즙과 와인, 바삭한 이탈리아식 게살볼 등을 먹어보자. 특히 추천할 만한 이 가게의 대표요리는 멕시코 스타일의 "wood fride churrasco"이다. 모든 식재료는 긴 철 막대에 꽂혀있고, 직접 오븐에 구워서 익히고 나면 종업원이 테이블로 가져다준다. 이곳의 또 다른 자랑은 대형 술 저장고이다. 이탈리아 스페인의 술이 많이 있으며, 프랑스, 호주, 미국의 우수한 포도주들도 있다.

록풀
Rockpool

- P15A2
- 107 George Street, The Rocks
- 61-2-8248-3803
- 화~토요일 18:00~23:00
- 전채요리 32~43달러, 메인요리 54달러, 디저트 23~25달러. Tasting Menu 160달러.

록풀(Rockpool)은 록스 지역을 포함한 시드니에서 가장 유명한 레스토랑 중 하나로, 유행을 선도하는 레스토랑이라고 평가받고 있으며 여러 차례 상을 받은 바 있다. 총주방장은 해산물 요리의 대가인 Neil Perry이다. 전속 어부가 그에게 가장 신선한 해산물을 공급해주고, 그 해산물로 아시아 스타일의 퓨전 호주 요리를 주로 하고 있어 많은 단골들이 그의 요리를 좋아한다.

Rockpool의 대표 요리는 생선찜, 중국식 비둘기 요리와 새우 요리, 머드 크랩(Mud Crab), 푸아그라 등이 있으며 8개의 요리를 포함한 Tasting Menu를 개발하여 고객들에게 자신들의 추천요리를 맛볼 수 있도록 하였다. 술과 함께 먹는 애피타이저부터 시작하여, 머드 크랩, 전복, 새우, 게소스 농어, 중국식 비둘기구이, 샴페인과 빙수를 먹고 마지막으로 커피, 디저트 등이 나오면

아쿠아 다이닝
Aqua Dining

- P15B2
- Cnr Paul & Northcliff Streets, Milsons point
- 61-2-9964-9998
- 점심
  일~금요일 12:00~ 14:30.
  저녁 18:30~22:30,
  토요일 저녁은 18:00에 시작.
- 전채요리 20~27달러,
  메인요리 36~42달러,

카페 시드니
Café Sydney

- P15B3
- 1 Alfred Street Circular Quay NSW 2000
- 61-2-9247-2285
  61-2-9247-3119

- 점심 12:00~15:00,
  애프터눈 티 15:00~18:00,
  저녁 18:00 ~23:00,
  수요일 Club 23:00~01:00

카페 시드니(Café Sydney)는 시드니 서큘러 키 인근의 세관 건물 꼭대기에 있다. 이미 시드니 시민들이

이 메뉴는 완전히 끝나게 된다. 메인요리와 함께 샐러드, 빵, 수프가 나오며, 이 가격은 30달러부터 시작한다. 가격이 싸지는 않지만 그래도 먹어볼 만한 가치가 있다.

　Rockpool의 외관은 그다지 눈에 띄지 않기 때문에 그냥 지나쳐버리지 않도록 조심해야 한다. 하지만 일단 실내로 들어서면 상당히 격조가 있다. 특히 레스토랑 중간에는 지붕창이 있어 Rockpool의 밝은 느낌을 잘 느낄 수 있다. 2003년 초에 내부 인테리어 공사를 대대적으로 진행하여 더욱 매력적으로 변하였다.

디저트는 19달러.
● 서큘러 키에서 페리를 타고 Milsons point에 가면 도착

　시드니 오페라 하우스와 하버 브리지를 동시에 볼 수 있는 유일한 곳은 시드니 항구 북쪽에 위치한 Milsons point이다. 아쿠아 다이닝(Aqua Dining)은 Milsons point에 있는 올림픽 수영 경기장 위에 있으며 광활한 시드니 항구와 마주보고 있다. 또한 국제 표준의 수영장이 많기 때문에 이 레스토랑은 "Aqua Dining(물의 식사)"이라는 이름을 갖게 되었다.

　Aqua Dining에서 제공되는 것은 호주 스타일의 요리이다. 레스토랑의 내부는 크게 두 부분으로 나뉘는데 하나는 심플하면서도 고상함을 잃지 않는 실내 레스토랑이고, 다른 하나는 테라스에서 식사할 수 있는 야외 공간이다.

　레스토랑 내부의 벽은 모두 대형 유리창으로 되어 있어 실내에서 식사하는 경우에도 루나 파크(Lunar Park)의 관람차, 시드니 항만을 오가는 페리, 시드니 하버 브리지, 오페라 하우스 등 시드니 항의 전경을 감상할 수 있다.

　동서양을 아우르는 창의성이 돋보이는 퓨전 요리들은 총주방장인 Jeff Turnbull의 공이 크다. 그는 레스토랑 오픈 이래로 여러 차례 상을 휩쓴 바 있다. 샤토네 화이트 와인과 구층 소스 등과 함께 먹는 달고 맵지 않은 새우 요리와 태국 스타일의 생선 요리, 캥거루 고기와 포테이토 요리 등은 모두 동서양의 식재료를 섞어 만든 훌륭한 퓨전요리이다.

즐겨 찾는 레스토랑이 되었으며, 특히 주말 저녁에는 재즈 공연도 하기 때문에 미리 예약하지 않으면 들어가기도 쉽지 않다. 라이브 재즈를 들으면서 하버 브리지의 야경을 감상하고, 편안하게 음식도 즐기면서 칵테일을 음미할 수 있다.

기욤 앳 베넬롱
Guillaume at Bennelong

🛩 P15B1
🏠 시드니 오페라 하우스
　Bennelong point
☎ 61-2-9241-1999
🕐 점심 목~금요일 12:00~15:00,
　저녁 월~토요일 18:00~24:00
💲 전채요리 23~30달러,
　메인요리 35달러

　기욤 앳 베넬롱(Guillaume at Bennelong)은 고급 프랑스 요리 전문점으로, 오페라 하우스 앞의 한쪽 건물에 있어, 마치 오페라 하우스의 일부분인 것처럼 보인다. 레스토랑 위에는 바가 있으며 오페라 하우스의 일부분과 하버 브리지가 이어진 지평선 등을 볼 수 있다.

　사장 겸 주방장인 Guillaume은 메뉴에 많은 노력을 기울였고, 그의 요리에서는 우아하면서도 심플한 멋이 드러난다. 이 레스토랑을 대표하는 요리는 참치회이며, 고추냉이와 간장을 곁들여 먹으면 그 맛이 환상적이다.

　또 다른 요리는 맑은 탕에 끓인 우설(牛舌) 요리이다. 소머리 부분의 껍질을 제거한 다음, 와인에 24시간

햄스피어 & 스시 E
Hemeshpere & Sushi E

🛩 P15A3
🏠 4F, Establishment 252
　George St.
☎ 61-2-9240-3041
🌐 www.merivale.com
🕐 화~금요일 점심 12:00~,

록스＋서큘러키 시드니

W Hotel

6 Cowper Wharf Road, Woolloomooloo, NSW 2011, Australia
61-2-9331-9000
61-2-9331-9031
www.whotels.com

원래 부두 창고였던 곳을 개조하여 만든 호텔로, 넓고 밝으며 천장이 아주 높다. 편안하고 현대적인 분위기로 설계되었다. 100여 개의 객실 중에서 36개는 다락방이 있으며, 그 아래에는 작은 응접실, 책상, 목욕 시설 등이 마련되어 있다. 침실도 다락방 안에 있는데, 이곳에서는 부두의 새벽부터 밤까지의 환상적인 경치를 조망할 수 있다. 주변에는 레스토랑도 많이 있어 선택하기에 편리하다.

Sebel Pier One

11 Hickson Road, Walsh Bay
61-2-8298-9999
www.mirvac.com.au

시드니에서 부둣가에 지어진 최초의 호텔이며, 당연히 아름다운 항만을 조망할 수 있다. 사람들이 가장 좋아하는 부분은 한가운데 있는 현대적 설계의 정원으로 바닥에 투명한 유리를 깔아 부두 아래의 바닷물을 그대로 볼 수 있도록 하였다. 161개의 객실이 있으며 인테리어, 장식 등이 편안함을 준다.

Four Seasons Sydney

P15A3
199 George Street
www.fourseasons.com

Four Seasons의 높은 서비스 수준은 다른 나라의 Four Seasons와 마찬가지로 시드니에서도 경험할 수 있다. 객실에서 시드니 항만, 록스 지역 등의 풍경을 내려다볼 수 있고, 우아한 인테리어와 항만의 아름다운 풍경 등은 호주 전체에서 손에 꼽을 만하다.

담가두고, 4시간을 끓인 다음, 다시 24시간을 숙성시킨다. 마지막으로 약한 불에 4시간 졸이면 완성된다.

Bennelong에는 2번의 저녁 식사 시간이 있는데, 레스토랑이 문을 여는 시간부터 8시까지가 첫 번째 식사 시간이다. 손님들은 대부분 정장을 차려입고 그날 열리는 오페라 하우스의 공연을 감상하기 위해 온 사람들이다. 이 시간대에 예약 없이 식사한다는 것은 완전히 불가능하다. 오페라 하우스의 공연이 일단 시작되면 첫 번째 시간의 손님들이 점차 없어지며 레스토랑은 비교적 편안한 분위기로 바뀌게 된다.

화~토요일 저녁 18:00~.
햄스피어 & 스시 E(Hemmesphere & Sushi E)는 이국적인 분위기의 인테리어가 인상적인 레스토랑이다. 어두운 조명과 금색, 빨간색의 커튼, 쿠션 등으로 편안한 분위기를 연출하고 있고 라운지 바도 있다. 이곳에 오면 바에서 칵테일을 먼저 한 잔 마신 후, 옆에 있는 스시 바로 가서 깔끔한 일식을 먹으면 상당히 만족스럽다.

달링 하버

Darling Harbour

이름부터 로맨틱한 달링 하버(Darling Harbour)는 시드니의 또 다른 관광 명소이다. 이곳에는 시드니 유일의 카지노가 있고, 오락시설, 쇼핑센터, 레스토랑, 호텔 등이 있다. 또 그 이름도 유명한 시드니 아쿠아리움이 있고, 부두 근처에는 수많은 레스토랑이 있다. 달링 하버의 밤은 낮과 마찬가지로 아름답다.

시드니 아쿠아리움
Sydney Aquarium

- P28B1
- Aquarium Pier, Darling Harbour NSW 2000
- 61-2-8251-7800
- www.sydneyaquarium.com.au
- 9:00~22:00
- 성인 26.55달러,
  3세~5세 13.50달러,
  패밀리 티켓 63달러(성인 2명, 어린이 2명)

시드니 아쿠아리움(Sydney Aquarium)은 전 세계적으로 유명한 수족관 중의 하나이며 1988년에 오픈한 이래 시드니 관광의 필수 코스가 되었다. 호주의 해양 자연 생태를 거의 완벽하게 보여주고 있을 뿐만 아니라 시드니 대학, 뉴 사우스 웨일스 대학 등과 협력하여 해양 생태 연구를 진행하고 있다. 시드니 아쿠아리움에는 600여 종의 호주 생물이 있고, 리프 산호초, 심해 지역, 타스마니아 해역, 바위 해안 지역, 시드니 항만 지역 등의 생물이 전시되고 있다. 각종 해양 생물에는 상어, 컬러풀한 산호, 열대어, 오리너구리 등이 관광객들을 즐겁게 한다.

가장 인기 있는 것은 146m의 "오픈 오션(Open Ocean)"인데, 360도 투명 유리로 둘러싸여 있어 내 몸이 해저에 있는 듯한 느낌을 받게 된다. 이곳은 세계 최대의 해저 터널일 뿐만 아니라 가장 많은 종류의 상어를 보유하고 있다. 무게 300kg에 육박하는 상어가 곁에서 유유히 헤엄치고 있는 모습을 보고 있노라면 상당히 자극적이다.

아쿠아리움 내에 있는 Great Barrier Reef Tank는 그야말로 해양 축소판이라고 할 수 있다. 대형 유리를 통해 그 안에 있는 모든 생물들을 뚜렷이 볼 수 있는데 48종의 산호와 600여 종의 해저 생물이 수족관 안에 있는 모습은 감탄을 자아낸다.

시드니 어시장
Fish Market

🧭 P28A3

🚊 Light Rail을 타고 Sydney Fish역에서 하차하거나, Mono rail을 타고 시드니 어시장에서 내려 도보로 5분 정도 걸으면 도착. 또는 서큘러 키에서 443번 버스를 타면 된다.

🏠 Bank Street, Pyrmont NSW 2009

🌐 www.sydneyfish- market.com.au

🕐 7:00~16:00

㉑ 크리스마스

1989년에 설립된 시드니 어시장 (Sydney Fish Market)은 일본 도쿄의 쯔키지 어시장 다음으로 규모가 큰 어시장이다. 매일 호주 및 남태평양, 아시아 각국에서 포획된 100종이 넘는 해산물들이 이곳에서 공급된다. 이런 해산물들은 유명한 네덜란드 경매 시스템을 통해 경매되며, 호주 전역으로 운송되거나 다른 나라로 수출되기도 한다.

바닷바람과 햇빛 아래에서 호주의 향기로운 술과 신선한 해산물을 즐길 수 있다는 점이 시드니 어시장의 가장 큰 매력이다. 레스토랑에서 20달러부터 팔리는 생굴을 이곳에서는 10달러 정도면 한 접시를 먹을 수 있다. 기타 모듬 해산물, 회, 해산물 구이 등은 요리 방법에 상관없이 모두 맛있다.

시드니 어시장에는 서로 다른 스타일의 레스토랑 8곳이 있는데 그중에는 어시장과 레스토랑을 같이 경영하고 있는 곳도 있다. 본인이 직접 해산물을 사서 집에서 요리하는 경우가 아니라면 레스토랑에서 맛있는 요리를 주문하고, 옆 가게에서 호주 와인을 구입한 다음, 항구 쪽에 위치한 야외 테이블에서 바닷바람을 맞으며 해산물을 먹어보자.

차이나 타운
China Town

🧭 P28B4

차이나 타운은 원래 Dixon Street와 Hay Street 부근에 집중되어 있었으나, 이미 주변 상권에까지 확장되었고 시드니로 이주하는 중국인이 지속적으로 증가함에 따라 차이나 타운 역시 다각도로 발전하고 있다.

현재의 차이나 타운은 이전의 낡은 거리가 아니라 세련되고 매력적인 거리로 변모해가고 있다. 많은 중국 레스토랑들도 입구에 야외 테이블을 마련해 두고 있어 상당히 번화한

모습이다. 시드니의 수많은 레스토랑과 경쟁하고 있는 차이나 타운 내의 레스토랑들은 가격 대비 음식의 질이 괜찮기 때문에 배낭여행을 왔다면 이곳에서 충분히 배를 채울 수 있다.

🎁 쇼핑

패디스 마켓
Paddy's Market

- 🏠 Market City 쇼핑센터 1층, 차이나 타운의 Thomas St.와 Hay St.의 교차로에 위치.
- ⏱ 목요일 10:00~18:00, 토~일요일 9:00~16:30

패디스 마켓(Paddy's Market)은 판매하는 제품이 다양할 뿐만 아니라 가격도 저렴하다. 차이나 타운 내에 위치하고 있으며 사람들이 신선한 식품, 채소, 과일 등을 구입하는 주요 시장이기도 하다.

Paddy's Market은 Market City 쇼핑센터 1층에 위치하며, 판매하는 제품은 크게 두 종류로 나뉜다. 하나는 티셔츠, 가방, 시계, 액세서리, 인형 등이며, 대부분 호주 밖에서 제작된 것이다. 때문에 가격이 저렴하며, 점포 주인들도 대부분 아시아 이민자들이다. 또 신선한 과일, 야채 및 식재료 등을 이곳에서 구입할 수 있다.

사실 Paddy's Market의 제품은

호주의 느낌이 그다지 강하지 않다. 그러므로 이곳에서는 캥거루 인형 등을 기념으로 구입하면 되고, 나머지는 그냥 둘러보는 것을 추천한다.

Paddy's Market을 둘러본 후 Market City 위로 올라가면 의류 직판점이 있다. 3층에 있는 Factory Floor에는 Guess, Nine West, D&G, Armani 등의 명품 브랜드 매장이 입점해 있다. 가격이 저렴한 이월상품 등이 많기 때문에 쇼핑족들에게는 천국이 될 것이다.

🍴 식당

닉스
Nicks

- 🔺 P28B1
- 🏠 The Promenade Cockle Bay Wharf Darling Park
- ☎ 61-2-9264-1212
- 🔺 www.nicks-seafood.com.au

레스토랑 닉스(Nicks)는 신선한 해산물 요리로 유명하며 특히 매주 주말에는 자리 예약이 매우 어려울

정도로 손님이 많다. 일부 테이블은 레스토랑 밖에 있는데, 부두의 보행로 옆까지 나와 앉는 자리도 있다. 부두 옆은 로맨틱한 달링 하버이고, 석양 무렵에 항구의 아름다운 풍경을 감상하면서 이 레스토랑의 대표 요리인 신선한 해산물 세트를 음미한다면 매우 로맨틱한 저녁을 보낼 수 있을 것이다.

친타 리아
Chinta Ria

P28B1

모노레일을 타고 Darling Park Station에서 하차한 후, 도보로 Cockle Bay Wharf까지 걸어오면 보인다.

The Roof Terrace, Level 2, Cockle Bay Wharf, Darling Park 201 Sussex Street

61-2-9264-3211

점심 12:00~14:30(예약 필수), 저녁
월~토요일 18:00~ 23:00,
일요일 18:00~22:30.

면류 15달러, 세트메뉴 15달러, 메인요리 25달러, 채소 12~14달러

친타 리아(Chinta Ria – Temple of Love)는 오리엔탈 스타일의 말레이시아 레스토랑이다. "오리엔탈 스타일"이라 함은 요리뿐만 아니라, 레스토랑의 인테리어, 분위기 등도 모두 포함된다. 약 3m 높이의 미륵 불상이 레스토랑 중앙에서 즐거운 표정으로 손님들을 맞이하고 있다.

말레이시아 이민자인 Simon Goh 사장은 멜버른에서도 Chinta Blues, Chinta Jazz, Chinta Soul 등의 레스토랑을 경영하고 있으며

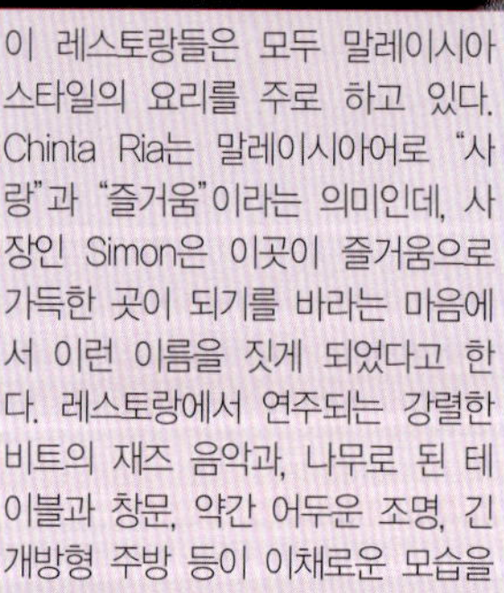

이 레스토랑들은 모두 말레이시아 스타일의 요리를 주로 하고 있다. Chinta Ria는 말레이시아어로 "사랑"과 "즐거움"이라는 의미인데, 사장인 Simon은 이곳이 즐거움으로 가득한 곳이 되기를 바라는 마음에서 이런 이름을 짓게 되었다고 한다. 레스토랑에서 연주되는 강렬한 비트의 재즈 음악과, 나무로 된 테이블과 창문, 약간 어두운 조명, 긴 개방형 주방 등이 이채로운 모습을 연출한다.

메뉴는 쌀밥을 주식으로 하는 각종 세트와 국수, 볶음면 외에도 생선, 새우, 닭, 소고기 등의 볶음 요리가 대부분이다. 이외에도 두부, 인도의 전통 빵인 난, 카레 등도 있다. 대표 요리는 칠리 새우와 크림소스 오징어 요리 등이 있으며 Curry Laksa 등의 카레 요리도 사람들이 좋아하는 것 중 하나이다.

골든 센츄리 씨푸드 레스토랑

Golden Century Seafood Restaurant

⌂ 393–399 Sussex Street
☎ 61-2-9212-3901
🕐 12:00~16:00

이 레스토랑은 차이나 타운에서 가장 인기 있는 레스토랑으로 시드니의 많은 요리사들도 이곳에 와서 회식을 한다. 또한 미국의 부시 대통령을 비롯하여 연예인, 정치인 등이 이곳을 방문하였다.

레스토랑 입구에는 여러 개의 대형 수족관이 있는데 그 안에는 게, 랍스터 및 각종 신선한 물고기들이 헤엄치고 있다. 홍콩 이민자인 Eric Wong 사장과 주방장들도 모두 솜씨가 뛰어

나 홍콩식 요리의 정수를 맛볼 수 있다.

이곳의 대표 요리는 황제 게 요리인데, Eric은 이 게가 심해에 사는 게이기 때문에 크기가 커서 이를 고추 게 볶음, 파 생강 게 볶음, 오이 게 볶음면 등의 "황제 게 3종"으로 개발하였다고 한다.

그 외에도 호주 사람들은 그다지 좋아하지 않는 가막조개에 홍콩 스타일의 XO소스를 첨가해 볶은 요리도 있다. 이와 가장 잘 어울리는 음료는 청도 맥주이다. 이 레스토랑은 신선한 해산물 요리 외에도 북경 오리, 홍콩 스타일의 거위 요리, 죽, 소고기 등으로 이곳을 찾은 사람들의 입맛을 사로잡고 있다.

Ⓗ 숙박

Star City

⌂ 80 Pyrmont St., Pyrmont NSW 2009
☎ 61-2-9777-9000
💲 280~475달러
🌐 www.starcity.com.au

Holiday Inn Darling Harbour

🔺 P28B2
⌂ 68 Harbour St., Darling Harbour
☎ 61-2-9291-0200
💲 160~260달러
🌐 www.holidayinndarlinghar-bour.com.au

Carlton Crest

⌂ 169–179 Thomas St., Sydney NSW 2009
☎ 61-2-9281-6888
💲 165~209달러
🌐 www.carltonhotels.com.au/sydney

Mercure Hotel Sydney on Broadway

⌂ 818–820 George St., Sydney
☎ 61-2-9217-6666
📠 61-2-9217-6888
💲 114~363달러
🌐 www.accorhotels.com.au

Four Points By Sheraton

🔺 P28B?
⌂ 161 Sussex St., Sydney
☎ 61-2-9290-4000
📠 61-2-9299-3340
💲 206~325달러
🌐 www.starwood.com

Metro Apartments Sydney

🔺 P28B2
⌂ 132–136 Sussex St., Sydney
☎ 61-2-9290-9200
📠 61-2-9262-3032
💲 169~465달러

다운타운

CBD

시드니 다운타운에는 상업건물과 쇼핑센터 등이 주로 자리잡고 있으며, 시드니 경제의 중심지이기도 하다. 특히 Pitt St. Mall 일대에는 크고 작은 매장, 쇼핑몰, 백화점 등이 모여 있어 관광객들의 쇼핑 천국이라고 할 수 있다. 그중 The Stand Arcade와 Queen Victoria Building은 고풍적인 분위기의 쇼핑센터로, 건물이 아름다울 뿐 아니라, 역사적 가치도 높으니 꼭 들러보자.

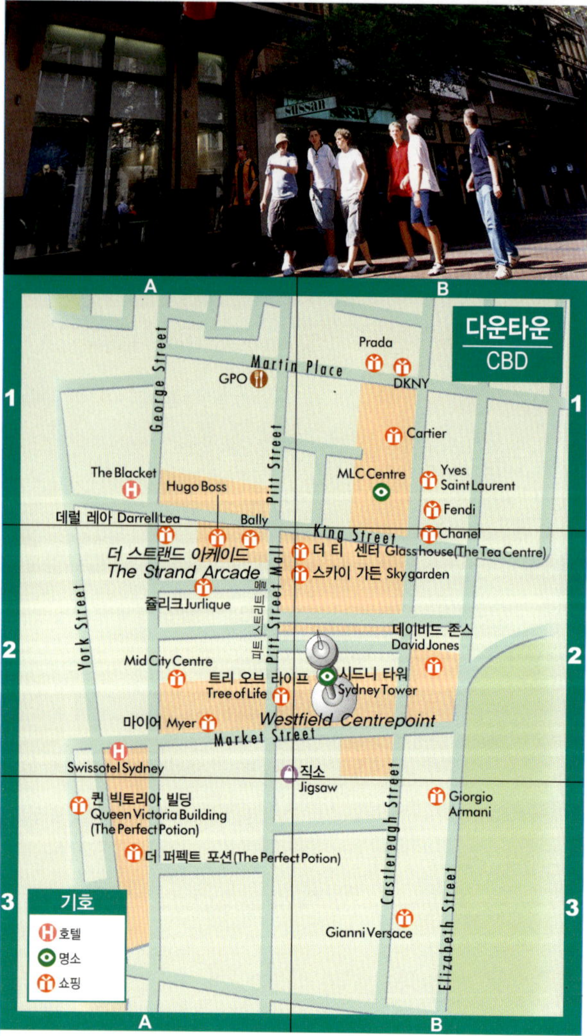

시드니 타워
Sydney Tower

- P34B2
- Center point Podium Level, 100 Market St.
- 61-2-9333-9222
- www.sydneytower.com.au
- 시드니 타워 전망대, Skytour를 포함한 성인 요금 25달러, 4세~15세 15달러(4세 이하 무료), 패밀리 티켓(성인 2, 어린이 3) 75달러.
- 9:00~22:30
  토요일 9:00~23:30

시드니 타워(Sydney Tower)는 시드니의 전경을 감상하기에 가장 적절한 장소이다. 특히 사람들로 북적이는 도시의 야경, 시드니 항만의 조용한 밤의 모습 등은 호주 최대 도시의 매력을 그대로 보여주고 있다.

시드니 타워는 AMP Tower라고도 불리며, 1981년에 완성된 높이 305m의 남반구에서 최고 높이의 건축물이다. 360도 전망대에서는 시드니 시가지의 전경을 볼 수 있으며, 북쪽에 있는 시드니 하버 브리지, 록스 지역, 시드니 오페라 하우스, 서큘러 키를 유감없이 볼 수 있다. 서쪽으로는 달링 하버와 올림픽 경기장을 조망할 수 있으며 동쪽으로는 하이드 파크, 왕립 식물원 등이 보인다. 남쪽으로는 퀸 빅토리아 빌딩이 있다.

시드니 타워는 Center Point 빌딩에서 들어가면 되고 Center Point 빌딩의 1, 2층에는 쇼핑센터와 각종 관광 기념품을 판매하는 매장이 있다. 3층은 Gallery Level로, 시드니 타워의 회전식 레스토랑으로 가는 엘리베이터 입구가 여기에 있다.

시드니 타워 전망대로 가려면 바로 4층의 Podium Level에서 입장권을 구입하여 고속 엘리베이터를 타면 된다. 40초면 250m 높이의 전망대에 바로 도착하게 되며 전망대에는 관광객들이 무료로 사용할 수 있는 망원경들이 비치되어 있어 시드니의 풍경을 감상할 수 있다. 만약 시드니 타워에서 먼 곳을 바라보는 즐거움을 느끼고 싶다면 시드니 타워의 회전식 레스토랑에서 식사를 하면서 풍경을 감상하는 것도 좋다.

퀸 빅토리아 빌딩
Queen Victoria Building, QVB

- P34A3
- 455, George Street
- www.qvb.com.au
- 월~토요일 9:00~18:00
  목요일 9:00~21:00,
  일요일 11:00~17:00

100여 년 역사를 자랑하는 퀸 빅토리아 빌딩(QVB)은 시드니에서 가장 유명한 쇼핑센터이며, 시드니를 대표하는 건물이기도 하다. 역사 기념비적 건축물이라는 의의 외에도 200여 곳의 매장과 레스토랑 등은 시드니 시민과 관광객들을 이곳으로 불러들이고 있다.

1989년에 완성된 QVB는 웅장한 로마네스크 건축물로 원래는 오랫동안 지속된 군주의 통치를 기념하기 위해 지어졌지만 건축 당시 시드니 경제 불황과 겹치면서 QVB는

마이어
Myer

- P34A2
- 436, George Street
- www.myer.com.au
- 월~토요일 9:00~18:00,
  목~금요일 9:00~21:00,
  일요일 10:00~18:00

마이어(Myer)는 그레이스 브라더스(Grace Bros.)에서 시작하여 지금은 호주에서 가장 오래된 백화점 중에 하나가 되었다. 1885년, 그레이스 형제는 시드니에 처음으로 그들 스타일의 매장을 오픈하였으며 1900년에 대형 백화점을 개점하면서 시드니 백화점 업계에서 "최초"

정부의 특별 계획에 따라 실업 중에 있던 공예가, 석장(石匠), 스테인드글라스 예술가 등을 고용하는 효과를 창출하기도 하였다.

QVB는 내부의 스테인드글라스와 동으로 덮인 원형 돔 지붕이 가장 유명하며, 그 외에 George Street 인근에 있는 시드니의 옛 모습이 그려져 있는 대형 스테인드글라스 창문도 유명하다. QVB 중앙에 있는 The Royal Clock은 100년의 역사를 지닌 기념물로 매시 정각마다 종이 울린다.

QVB의 내부는 지하 1층과 지상 4층으로 나뉘며 의류 매장, 귀금속 매장, 갤러리, 화장품, 액세서리, 커피숍, 레스토랑 등 다양한 매장이 입점해 있다. 1층과 3층에는 서비스 센터가 있으니 관광객들은 이곳에서 QVB의 평면도를 얻으면 된다.

라는 영예를 얻기도 하였다.

1983년, 이 오래된 백화점은 Coles Myer 그룹에 매각되었고, 2004년에는 Myer로 이름이 바뀌었다.

오래 되었다고 촌스러울 것이라는 생각은 버리자. 100년 명성의 백화점이기는 하지만 현대적인 감각에 맞추어 내부는 현대화된 쇼핑센터로 탈바꿈하였다. 전국에 67개 지점이 있는 Myer에서는 정장, 레저 의류, 각종 액세서리 등 종류를 망라하고 모두 찾을 수 있다.

특히 시드니의 Myer는 다운타운 상업 지구에 위치하였을 뿐만 아니라 화장품, 미용용품 등 여성용품 전문매장이 완벽하게 구비되어 있다. 1층의 화장품 코너에 들어서면 온갖 유행을 읽을 수 있다. 미를 추구하는 여성들은 당연히 이곳을 지나치지 않고 이곳에서 자신을 더욱 아름답게 만들어줄 제품을 찾는다.

데이비드 존스
David Jones

P34B2
414, George Street
www.davidjones.com.au
월~금요일 9:00~17:30
목요일 9:00~21:00
토~일요일 11:00~16:00

1838년에 오픈한 데이비드 존스 (David Jones) 백화점은 두 개의 7층 건물로 구분된다. 도로를 중간에 두고 마주보고 있으며, 각각 Market St.와 Elizabeth St.에 위치한다. 차이점이 있다면 Elizabeth 지점은 여성 의류 및 화장품을 주로 판매하고 있으며, Market 지점은 남성용품 및 일반 가정용품 등을 주로 판매하고 있다는 것이다. 그중 지하 1층에 있는 식품 매장은 반드시 가봐야 할 곳으로 호주산 치즈, 와인, 허브티, 케이크 등을 판매하고 있다. 또한 생굴 바, 커피 바, 아시아 누들 바 등도 있다.

이 백화점의 최대 특징은 9월, 꽃이 만발하는 시기에 여러 차례의 꽃 전시회를 연다는 것이다. 매 모퉁이마다 화려한 꽃들이 전시되어 있어 시드니 시민과 관광객들이 모여들어 사진을 찍는 진풍경이 연출된다. 특히 높은 천장의 홀에 장식된 꽃들은 서로 그 아름다움을 다투는 듯이 환상적이다. 이외에도 Elizabeth 지점 1층의 초콜릿 코너에는 정교하고 귀여운 초콜릿들이 다양하게 준비되어 많은 인기를 누리고 있다.

더 스트랜드 아케이드
The Strand Arcade

P34A2
436, George Street
www.strandarcade.com.au
월~금요일 9:00~17:30
목요일 9:00~21:00
토~일요일 11:00~16:00

더 스트랜드 아케이드(The Strand Arcade)는 QVB보다 규모는 작지만 1892년에 개장된 시드니에서 오랜 역사를 지닌 건축물 중의 하나이다.

The Strand Arcade라는 이름은 19세기 중엽에 런던에서 가장 번화한 쇼핑가의 이름에서 따온 것이다. 이 건물은 시드니의 마지막 빅토리아풍 건축물이며 유일하게 오늘까지 원래의 스타일을 유지하고 있는

건물이기도 하다.

　The Strand Arcade는 고풍적인 르네상스 스타일을 추구하고 있으며, 2층의 의류 매장들은 Ian McMaugh, Leona Edmiston, Lili Tour, Brave, Third Millennium 등의 참신하고 신기한 디자인을 주로 하는 젊은 호주 디자이너들의 개성적인 매장들이 대부분이다.

　3층에는 일본 스타일의 에스프레소 바와 미용실이 있고, 네일아트 전문점, 남성 건강식품 전문점 등이 있다. 지하에는 면세점, 시계, 향수, A/V기기 매장이 있다.

트리 오브 라이프
Tree of Life

P34A2

85 1F, Centrepoint

61-2-9233-3122

트리 오브 라이프
(Tree of Life)의 쇼윈
도는 지극히 인도
스타일로 디자인되
어 있다. 밝은 분홍
색 스파크, 금색 찬
란한 민소매 블라우
스, 그리고 잠시도
눈을 뗄 수 없는 앤티크 쿠션, 목걸
이, 액세서리 등은 인기
초절정의 제품들이다.
제품의 가격은 롱스
커트 한 벌에 세일가
로 25달러면 살 수 있
을 정도로 상당히 저
렴하고, 200~300달
러의 디자이너 숍들
과 비교해도 손색이
없을 만큼 품질이 좋
다. 물론 반짝 거리는
실버 액세서리들을 비

피트 스트리트 몰
Pitt St. Mall

P34A2

시드니 타워 옆에 위치한 Pitt
Street에는 백화점과 쇼핑센터들이
모여 있다. 이 때문에 피트 스트리
트 몰(Pitt St. Mall)이라는 이름이 붙
여졌고, 이곳에는 The Strand
Arcade, Myer, Sky Garden,
Sydney Central Plaza 등을 비롯
하여 David Jones, Queen
Victoria Building 등이 있다. 이곳
은 쇼핑족들이 기분 좋게 두 손 가
득 쇼핑할 수 있는 절호의 장소임에
틀림없다.

Pitt St.에는 Body Shop, Esprit,
Levis, Nine West 등의 명품 브랜
드 매장도 많이 있다. HMV는 시드
니 최대의 음반 매장이며, Olympic
Store에서는 올림픽 기념품을 구입
할 수 있다.

Myer, Sky Garden, Sydney
Central Plaza는 모두 현대적인 쇼
핑센터로, 정장, 운동복 등 원하는

더 티 센터
The Tea Centre

P34B2

The Glasshouse, 146 Pitt
St. Mall

61-2-9233-9909

www.theteacentre.com.au

월~금요일 9:00~17:30
목요일 9:00~20:00
토요일 10:00~17:00

시드니의 The Glasshouse 쇼핑
센터 내에 위치한 더 티 센터(The
Tea Centre)는 185종의 잎차를 보
유하고 있는 찻집이다. 이곳에서 판
매하는 다양한 잎차는 세계 각지의

롯하여 다양한 색상의 팔찌, 스카프, 침구용품 등 종류도 다양하다.

이곳에서는 인도 스타일의 제품 외에도 중국이나 과테말라 등지의 전통 액세서리도 발견할 수 있다.

Tree of Life가 강조하는 정신은 서민들이 합리적인 가격에 생활에 활력소가 되는 물건을 살 수 있어야 한다는 것이다. 또한 이들은 30여 년 동안 인도의 공장과 거래하면서 인도 사회에 이익이 환원될 수 있기를 바라고 있으며 수익의 일부를 자선단체에 기부하기도 한다.

스타일의 제품을 모두 고를 수 있는 비교적 서민적인 쇼핑센터이다. 하지만 남반구에 위치한 호주의 특성상, 쇼핑을 할 때에는 계절에 따른 유행의 변화 등에 유의하도록 하자.

주요 차 산지로부터 공수해 온 것이며, 중국차를 비롯하여 대만의 동정우롱차, 일본 녹차, 스리랑카 실론티 및 인도의 다즐링, 아쌈티, 호주의 유기농 꽃차, 과일차 등 거의 모든 종류의 차가 있다.

이외에도 이 찻집에서는 다양한 모양의 차통을 선보이고 있는데 손님들은 가게에서 잎차를 구입하고 원하는 차통을 구입할 수 있다. 차통에 넣어 포장하고 나면 지인에게 선물하기 좋은 품목이 된다. 잎차 외에 다관 등의 다기도 이 가게의 주요 상품 중의 하나이다.

The Tea Centre에는 편안한 테이블도 마련되어 있어 휴식을 취하거나 차, 커피 및 간단한 간식, 샌드위치 등을 먹기에도 좋다. 서비스도 훌륭하기 때문에 편안한 시간을 보낼 수 있다.

데럴 레아
Darrell Lea

- P34A2
- 398 George Street
- www.dlea.com.au
- $ Rock-Lea Road 박스당 6.27달러, liquorice 박스당 4.75달러

데럴 레아(Darrell Lea)는 100년의 역사를 지닌 초콜릿 숍이다. 오늘날까지 Lea 가족이 경영하고 있으며 "어제 만들어서 오늘 파는" 방식으로 가장 신선한 초콜릿을 제공하고 있다. 가게의 대표적인 제품으로는

향이 강한 Rock Lea Road와 씹는 맛이 쫄깃한 젤리인 liquorice 등이 있다.

쥴리크
Jurlique

- P34A2
- Shop 1/1B The Strand Arcade, 412 George Street
- 61-2-9231-0626
- www.jurlique.com.au

쥴리크(Jurlique)는 호주의 유명 건강 식품 브랜드이며, 그 제품들은 인기가 높다. Jurlique는 주로 아델레이드 힐의 천연 허브 식물 또는 호주 남부에서 생산된 유기농 허브 엑기스가 함유되어 인체에 무해한 천연 제품을 판매한다. 장미향 또는 라벤더향 핸드크림과 밀크향 바디크림 등이 인기 있는 제품이다.

더 퍼펙트 포션
The Perfect Potion

- P34A3
- Shop 62, Lower Ground QVB
- 61-2-9286-3384
- www.perfectpotion.com.au

본사가 브리즈번에 있는 더 퍼펙트 포션(The Perfect Potion)은 호주에서 유명한 향수 전문 브랜드이다. 아로마 테라피스트 Salvatore Battaglia가 설립한 것으로 50여 종의 아로마 오일, 10여 종의 마취용 오일, 40여 종의 유기농 꽃차를 비롯하여 피부 보호용 화장수, 립크림 등을 판매한다.

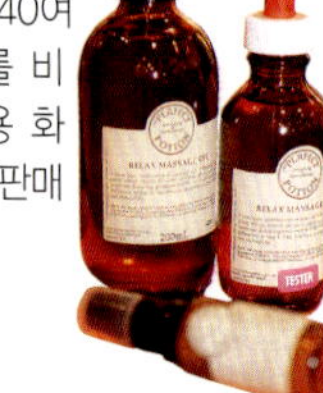

"

식당

데이비드 존스 푸드 코트
David Jones food court

P34B2

412 George Street

월~금요일 9:00~17:30
목요일 9:00~21:00
토~일요일 11:00~16:00

데이비드 존스(David Jones)는 호

주에서 비교적 고급 브랜드의 제품을 판매하는 백화점인데, 그 지하의 푸드 코트는 2003년 9월에 개축하여 고객들이 쇼핑하는 도중에 편리하게 식사할 수 있도록 하였다.

푸드 코트는 여러 구역으로 나뉘는데, 식료품 등을 구입할 수 있는 슈퍼마켓 외에도 면류, 해산물 바, 이탈리아 패스트푸드점 등이 있다.

GPO

P34A1

1 Martin Place(Lower Ground Floor)

61-2-9229-7700

GPO는 시드니 다운타운의 마틴 플레이스 1번지에 위치해 있으며

1865년에 지어진 르네상스 풍의 건물로 시드니의 명물 중 하나이다. GPO의 지하 1층에는 스시, 커피 등을 먹을 수 있는 다양한 레스토랑과 바가 있고, 주류, 과일 등도 판매하고 있다.

숙박

Boulevard

90 William St., Sydney NSW 2011

61-2-9383-7222

61-2-9356-3786

135~360달러

www.boulevard.com.au

Swissotel Sydney

P34A2

68 Market St., Sydney NSW 2000

61-2-9238-8888

61-2-9238-8899

229~740달러

www.swissotel.com

Sydney Marriott Hotel

36 College St., Sydney NSW 2010

61-2-9361-8400

61-2-9361-8599

199~355달러

www.marriott.com

Oaks Hyde Park Plaza Sydney

38 College St., Sydney NSW 2010

61-2-9331-6933

61-2-9331-6022

253~420달러

www.theoaksgroup.com.au

Accor Menzies Sydney

14 Carrington St., Sydney

61-2-9299-1000

61-2-9290-3819

159~299달러

www.accorhotels.com.au

본다이 비치

Bondi Beach

본다이 비치(Bondi Beach)는 호주에서 가장 유명하고 오랜 역사를 지닌 서핑 해변 중의 하나이다. 시드니 시민들이 일광욕과 서핑을 즐기는 곳이며, 인근에는 서핑 도구를 파는 매장을 비롯하여 레스토랑, 카페, 액세서리 숍 등이 많아, 강렬한 햇볕이 내리쬐는 쇼핑가이기도 하다.

본다이 비치는 캠벨 퍼레이드(Campbell Parade)의 남쪽 끝단에서 시작해서 해안 산책로를 따라 클로벨리 비치(Clovelly Beach)까지 이어진다. 이 해안 산책로를 처음부터 끝까지 걷는 데는 2시간 정도가 소요되며 주말이면 많은 시드니 시민들이 산책하는 모습을 볼 수 있다. 기회가 된다면 이곳에서 운동해 보는 것도 좋겠다.

본다이 마켓
Bondi Market

P44B2
Bondi Public School 내
매주 일요일 10:00~16:00

구제 제품을 좋아한다면 시간을 내서 본다이 마켓(Bondi Market)에 꼭 늘러보자.

Bondi Market은 본다이 비치의 주민들이 사는 지역에서부터 시작한다. 주말 시간을 이용해 물물교환을 하거나 중고 제품을 판매하며, 시장의 규모가 커짐에 따라 예술가와 히피 등이 모여들고 있다.

이곳에 들어선 50여 개의 노점상은 액세서리, 신발, 아기 옷, 수제 양초 등 자기가 만든 제품을 파는 경우가 대부분이다. 노점상의 사장들이 입고 있는 옷도 상당히 개성 있는 것들이며, 고객이 물건에 관심을 보이면 아주 쾌활하게 말을 건넨다. 중고품을 파는 가게에는 대부분 복고풍 의상, 신발, 가죽가방, 앤티크 가구 등이 있으며 가격은 비싸지 않다.

이곳에 오는 대부분의 사람은 시드니 시민이기 때문에 물건을 보거나 살 때에도 관광객이라고 해서 바가지를 씌우는 일은 거의 없기 때문에 더 친밀한 분위기를 느낄 수 있다.

카라반 인테리어
Caravan Interiors

P44B1
85 Hall St., Bondi
61-2-9635-0500
월~금요일 10:30~18:00
토요일 10:00~18:00
일요일 11:00~18:00

카라반 인테리어(Caravan Interiors)는 모로코 스타일의 작은 숍으로, 모로코, 터키, 인도의 라자스탄 등에서 가져온 제품을 주로 판매하고 있다. 금색 테두리의 모로코 찻잔부터 화려한 색상의 인도 옷감, 수공예 모자이크 테이블, 귀여운 모양의 문손잡이 등 다양한 제품을 이곳에서 볼 수 있다.

이곳의 사장은 치파오 복장의 중국 여자 아이 캐릭터를 직접 디자인하여 최근 Caravan Interiors의 상표디자인으로 등록하였다.

아이스버그 쥬얼리
Iceberg Jewelley

P44B1
Shop 71, Hall St., Bondi
61-2-9365-4437
월~금요일 10:00~18:00
토요일 10:00~16:00

이 액세서리숍은 규모가 크지는 않지만 지나가는 사람들이 멈춰 서서 쇼윈도를 들여다볼 수 있도록 다양한 디자인의 목걸이, 귀걸이, 팔찌 등을 전시해 두고 있다. 우아한 디자인과 저렴한 가격으로 많은 사랑을 받고 있는 아이스버그 쥬얼리(Iceberg Jewelley)의 Birgit Moller 사장은 보석 디자이너로, 모든 여자는 자신을 치장할 액세서리를 구입할 수 있어야 한다고 생각하여, 진짜 보석을 대신할 액세서리들을 디자인하였다.

그의 제품은 가격이 저렴하고 품질이 우수하다. 터키 스타일의 목걸이 하나에 50달러 정도이며 정교한 귀걸이 한 쌍도 20달러면 구입 가능하다.

식당 

아이스버그
Iceberg

✈ P44A1
🏠 1 Notts Avenue, Bondi Beach
☎ 61-2-9365-9000
🌐 www.idrb.com
🕐 화~토요일 12:00~24:00
　　일요일 12:00~22:00
💲 전채요리 15.5~23달러
　　메인요리 32~46달러
　　디저트 11~17달러
　　주말과 공휴일에는 별도로 10%의 봉사료가 추가됨.

2002년 말에 오픈한 아이스버그(Iceberg)는 흰색과 남색으로 시원한 느낌과 신뢰감을 주도록 디자인되었고 투명 통유리로 본다이 비치의 전경을 감상할 수 있도록 하였다. 디자이너 Claudio Lazzarini와 Carl Pickering은 Iceberg의 디자인을 "시드니에 전하는 러브레터"라고 비유하며 그들 눈에 비친 호주의 아름다운 풍경을 로맨틱하게 표현하였다.

Iceberg는 바와 레스토랑으로 구분되는데, 바는 선명한 색상의 쿠션과 라인 등을 활용하여 우아하면서도 가볍지 않은 지중해 스타일의 여유로운 분위기로 연출되었다. 유리로 둘러싸인 발코니는 바다와 마주보고 있으며, 이곳에서 간단하게 술을 마시면 마치 남부 유럽에 있는 것 같은 느낌을 받는다.

레스토랑은 흰색의 테이블보만을 사용하여 투명한 유리창 밖의 푸른 바다와 서로 어울리게 하였다. 식사는 지중해 스타일을 주로 제공하고 있으며, 전채요리인 신선한 굴을 시작으로 태즈메이니아 섬의 검은 섭조개 요리, 그리스 치즈로 요리한 양고기, 새우구이 등을 먹은 후, 마지막으로 신선한 무화과 치즈, 바닐라 아이스크림과 이탈리아식 에스프레소 등의 디저트를 먹으면 낭만적인 식사는 끝을 맺는다.

스웰 바
Swell Bar

🏠 465 Bronte Road, Bronte
☎ 61-2-9386-5001
💲 주말에는 1인당 1.5달러의 봉사료를 받으며, 신용카드를 사용하려면 15달러 이상이 되어야 한다.

일요일에 스웰 바(Swell Bar)에서 브런치를 먹는 것은 많은 시드니 시민들의 습관이 되었다. 이 가게의 대표 요리는 브런치이며, 1인당 12.9달러의 아보카도, 토마토, 바질 칠레소스를 곁들인 옥수수 팬케이크(Corn Fritters with avocado, tomato & basil salsa)가 가장 인기 있는 메뉴이다. 혹은 훈제 연어와 스크램블 에그(Pesto scrambled eggs with smoked salmon)도 훌륭한 선택이 될 것이다.

Swell Bar는 지중해 스타일의 간단한 요리 즉, 양고기 샐러드와 호박, 그리스 치즈, 터키 빵과 올리브유 등의 요리도 제공하고 있다. 식사 분위기는 아주 편안하여 주말의 여유로운 분위기를 즐길 수 있다.

Swiss-Grand Resort and Spa Bondi Beach

P44A1

Cnr Campbell Parade & Beach Rd. PO Box 219, Bondi Beach, Sydney

61-2-9635-5666

350~850달러

www.swissgrand.com.au

Waldorf Bondi Serviced Apartments

212 Bondi Rd., Bondi, Sydney

61-2-8837-8000

61-2-8837-8001

85~120달러

www.bondi-serviced-apart ments.com.au

Ultimate Apartments Bondi Beach Sydney

59 O'Brien St., Bondi Beach, NSW

61-2-9365-7969

61-2-9365-7927

60~220달러

www.apartmentsbondibeach. com

패딩턴 & 울라라

Paddington & Woollahra

패딩턴과 울라라(Paddington & Woollahra)는 시드니의 고급 주택가이며, 또한 유행에 가장 민감하면서도 개성이 강한 지역이다. 옛날 조지 왕조의 호화로운 주말 휴양지였던 패딩턴에는 산뜻한 테라스 하우스들이 늘어서 있는 아름다운 거리가 있다. 이곳의 테라스와 2~3층에 설치된 꽃장식의 철 난간이 이채롭다. 패딩턴에는 많은 고급 부티크, 골동품점, 레스토랑, 바, 갤러리 등이 있으며 호주 수석 패션 디자이너인 Collette Dinnigan의 본사도 이 테라스 하우스 중에 숨어있다.

울라라(Woollahra)는 패딩턴과 바로 붙어있고, 이곳에는 빅토리아 시대의 건축물도 일부 남아있으며 패딩턴과 마찬가지로 고급 주택가가 밀집해 있다. Queen St.는 울라라의 주요 거리이며 고급 생활용품 및 디자이너 숍들이 이곳에 자리 잡고 있다. 이 숍들은 상당히 분위기 있게 설계되어 있다.

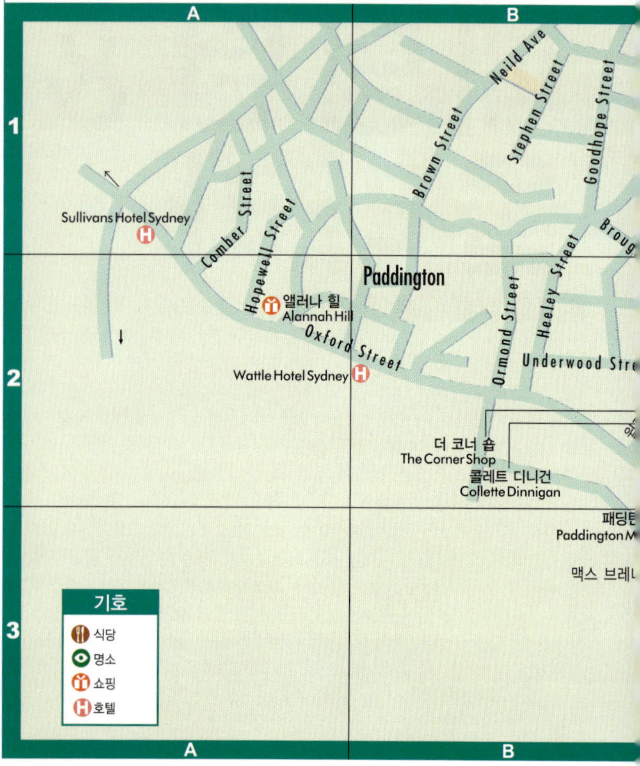

윌리엄 스트리트
William Street

P50B2-51C2

윌리엄 스트리트(William Street)는 작은 거리이기 때문에 주의하지 않으면 그냥 지나칠 수도 있다. 하지만 호주의 수석 디자이너인 Collette Dinnigan의 디자인을 좋아하는 사람이라면 이 거리를 반드시 알아두자.

William Street의 양쪽에는 패딩턴 특유의 테라스 하우스가 줄지어 서 있는데, 비탈길을 따라 아래로 내려가면 Collette Dinngan의 본사 외에도 Belinda, The Corner shop, Andrew Mcdonald 등의 개성 있는 매장들을 발견할 수 있다.

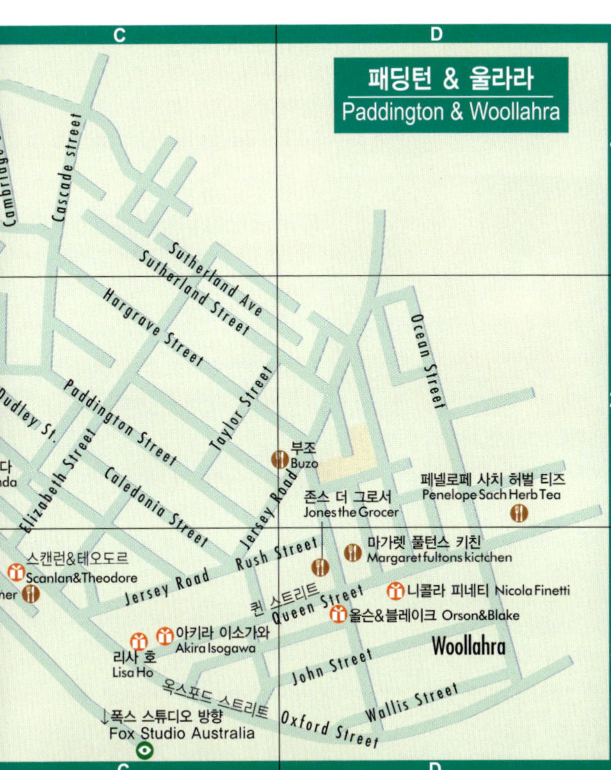

퀸 스트리트
Queen Street

P51D3

울라라에 위치한 퀸 스트리트(Queen Street)는 우아한 분위기의 거리로 Oxford Street와 이웃하고 있다. 이곳에는 생활용품 매장과 디자이너 브랜드 숍이 주를 이루고 있으며, 모두 특색 있게 설계되어 있다. 가구 및 인테리어 전문의 Orson & Blake를 비롯하여 "꽃"을 메인 테마로 하여 디자인된 Arte Flowers 등은 아름다운 색을 사람들의 일상 생활 속으로 끌어들여왔다. Lisa Ho, Akira Isogawa, Nicola Finetti 등의 디자이너 브랜드 역시 이곳에서 모두 찾을 수 있다.

옥스포드 스트리트
Oxford Street

P51C3

시드니 동성애자들의 본거지로 유명한 옥스포드 스트리트(Oxford Street)는 쇼핑의 거리로도 유명하다 Liverpool St.를 시작으로 레스토랑, 바, 클럽 등이 밀집해 있고, 그 중의 적잖은 곳이 유흥과 관련되어 있다. 이곳은 동성애자와 이성애자들 모두에게 개방적이다.

Oxford Street에는 각양각색의 개성 있는 매장, 디자이너 브랜드 숍이 늘어서 있으며, 쇼핑을 좋아하는 사람들에게는 다양한 볼거리를 제공할 것이다. 만약 주말에 이곳을 찾는다면 거리를 따라 패딩턴 마켓을 둘러볼 수 있다.

콜레트 디니건
Collette Dinnigan

P51C2
22-24 Hutchinson St., Surry Hill, NSW 2010
61-2-9361-0110
www.collettedinnigan.com

몇 년 전 호주 패션쇼에서 대담하고 이색적인 스타일로 주목받았던 Collette Dinnigan은 호주 최고의 디자이너가 되었고, 매장은 패딩턴의 전형적인 테라스 하우스들이 있

아키라 이소가와
Akira Isogawa

P51C3
12A Queen St., Surry Hills NSW 2010
61-2-9361-5221
www.akira.au.com

Akira Isogawa는 동서양의 만남 (East meets West)이라는 슬로건 아래 퓨전 스타일로 성공하였다. 이는 그가 일본 출신이라는 것과 밀접한 관계가 있다. 고상함과 담백함은 그의 디자인의 특징이며, 단추 또는 얇은 레이스 등의 디테일한 디자인 등도 Akira에게는 아주 중요한 부분이다.

패딩턴 마켓
Paddington Market

P51C3
395 Oxford St.
토요일 10:00~16:00
하절기 10:00~17:00

Oxford Street에 위치한 패딩턴 마켓(Paddington Market)은 시드니 시민들이 즐겨 찾는 곳인 동시에 관광객들이 일부러 쇼핑을 하러 찾아오는 벼룩시장이다.

패딩턴과 록스 지역 시장의 가장 큰 차이점은 스타일이다. 록스 지역은 기념품이 대부분이지만, 패딩턴에는 다양한 스타일의 유행 제품이 많다. Paddington Market은 성 요한 성당을 중심으로 250여 개인 노점상들이 광장 주변의 작은 골목들에 흩어져 있다. 게다가 끊임없이 몰려드는 인파는 시드니 시장에서 쇼핑하는 즐거움을 한껏 체험할 수 있도록 할 것이다.

각종 공예소품 외에 다양한 의류, 액세서리 등은 Paddington Market

의 주요 아이템 중의 하나이며 개성 있는 티셔츠, 실내복, 정장, 또는 화려한 예복, 심지어 섹시한 속옷까지 모두 갖추고 있다. 대부분은 신예 디자이너들의 창작품이며, 의상은 거의 한 벌밖에 없기 때문에 쇼핑족이라면 절대 놓칠 수 없을 것이다.

는 작은 골목 사이에 숨어 있다.
　Collette의 디자인 스타일은 레이스를 많이 사용하고, 여성적 스타일의 작은 구슬 장식 등이 특징이라고 할 수 있다. 재단은 고전적이면서도 대담하고, 의상은 모두 여성의 매력을 충분히 발휘할 수 있도록 디자인되었다.
　이외에도 Collette가 디자인한 여성 속옷 역시 호주 패션계에서 특별한 주목을 받고 있다. 만약 2천 달러 정도의 여성 정장을 살 예산이 부족하다면 그녀의 소품부터 입문해보는 것도 나쁘지 않다. 어쨌든 Collette의 의상을 입은 여성은 분명히 다른 사람의 눈을 반짝이게 할 것임에 틀림없다.

하늘하늘한 레이스 치마나 불규칙한 재단 등은 사람들에게 일종의 형식을 벗어난 느낌과 함께 아름다움도 느낄 수 있게 한다. Akira Isgawa는 호주 패션계에서 이미 정상급의 디자이너가 되었으며 제품의 가격도 비싼 편이다.

　창의적인 의상은 물론이고 이국적 분위기의 디자인도 Paddington Market의 특징이다. 디자이너가 직접 만든 액세서리, 모자, 나무 수납장, 완구 및 대담한 디자인의 의상은 이곳을 찾은 사람들에게 즐거움을 준다.
　그 외에도 일부 노점에서는 집에서 직접 만든 소스, 올리브, 그리스 치즈 등도 판매하고 있다. 마켓 주변에는 여러 잡화들을 팔고 있어 온갖 물건들이 다 있다.

빅토리아 스프링 디자인
Victoria Spring Designs

110 Oxford Street,
Paddington, Shop 63,
Level 1, Strand Arcade
61-2-9331-7862
61-2-9238-0700
www.victoriaspringdesigns.
com
월~토요일 10:00~18:00
목요일 10:00~19:00

이곳은 액세서리 전문점으로, 가게 주인인 Victoria는 보석 디자이너이다. 1986년에 스코틀랜드와 에든버러 페스티벌 등에 출품하여 순식간에 런던, 뉴욕에서 인기를 얻었지만 그녀는 호주로 돌아와 작업실을 만들고, 패딩턴에 자신의 가게를 열었다.

그녀가 디자인한 수공예 보석들은 현대적일 뿐만 아니라, 고전적 우아함과 함께 이국적 풍모를 지녔다. 디자인은 주로 금색의 체인, 빈티지 스와로브스키 크리스털, 골동 자기 조각, 각종 돌, 금테두리 등을 활용한 1930년대, 1940년대의 고전적 스타일에서 영감을 얻어 디자인되었다. 매장 안의 인테리어는 상당히 세심하게 장식되었다. 벽에는 불규칙한 연분홍색이 칠해져 있고, 나무로 만들어진 진열장

올슨 & 블레이크
Orson & Blake

P51D3
83-85 Queen Street,
Woollahra
61-2-9399-2525
월~토요일 9:30~17:30,
목요일 9:30~18:00,
일요일 12:00~17:30.

Queen St.에 있는 올슨 & 블레이크(Orson & Blake)는 호주에서 최초로 라이프스타일을 주제로 만든 생활 인테리어 전문점이며, 라이프스타일 판매의 원조라고 할 수 있다.

사장은 세계 각지를 여행하면서 기본적인 식기류부터 칼, 포크, 촛대, 화병, 침구, 다기, 침대 시트 등 서

들과 복고풍의 침대가 눈에 띈다. 침대에는 부드러운 색상의 베갯잇과 화려한 침대 시트가 깔려 있고, 침대의 틀에는 실크로 된 천이 덮여져 있다. 크리스털 구슬이 가득 달린 샹들리에는 마치 환상의 세계에 있는 것 같은 느낌을 주기도 한다.

Victoria는 보석 외에 쿠션, 가방, 아로마 용기, 도자기 등의 인테리어 소품도 개발하였다. 이러한 제품들은 호주 패션 잡지에 자주 실리는 단골손님들이다. 이곳은 프랑스 살롱의 영향을 받아 아름답게 설계되었으므로, 물건을 사든 안사든 간에 이곳에 들러 안목을 키우는 것도 좋겠다.

로 다른 문화 배경을 가진 장식 소품을 모았다. Orson & Blake에 들어서면 사람들은 집에 들어온 것 같은 친밀감과 자연스러움을 느끼고, 이 물건을 우리 집에 두면 좋겠다는 생각을 종종 하게 된다.

매장 안에 진열된 물건들은 동남아, 모로코, 이집트 또는 유럽의 여러 지방에서 건너온 것들로 유행에

뒤치지지 않으면시도 매장의 이국적인 스타일에도 잘 동화되어 있다. 특히 매장 중간에 있는 작은 정원을 비정기적으로 Orson & Blake의 인테리어 소품 등을 활용하여 매번 다른 스타일의 공간으로 꾸며 놓기 때문에 이곳을 들르게 되면 잊지 말고 꼭 보도록 하자.

Orson & Blake의 2층에서는 여성 의류를 주로 전시하고 있는데, Marco Polo, Carlson, Andrea Rembeck 등의 브랜드가 있다. 둘러만 보려고 들어온 여성 고객들에게도 돈을 쓰도록 유인하는 정말 훌륭한 마케팅 방법이 아닐 수 없다.

아트 플라워즈
Arte Flowers

🏠112 Queen Street, Woollahra
☎61-2-9328-0402
🌐www.arteflowers.com
🕐월~금요일 9:30~18:00
　　토요일 9:00~18:00
　　일요일 10:00~17:00

　꽃을 주제로 한 생활용품 매장인 아트 플라워즈(Arte Flowers)는 울라라의 Queen St.에 위치하고, Michel과 Graham이라는 두 명의 남자가 이곳을 운영하고 있다. 그들은 꽃을 아름다움 및 여성성의 상징으로 여기고 이를 생활 중으로 끌어들였다. 자연을 모티브로 한 Arte

리사 호
Lisa Ho

🔹P51C3
🏠2A-6A Queen St., Woollahra
☎61-2-9360-2345
🌐www.lisaho.com.au

　호주의 수석 디자이너인 Lisa Ho는 아시아 혈통으로 일찍이 마켓에

니콜라 피네티
Nicola Finetti

🔹P51D3
🏠92 Queen St., Woollahra
☎61-2-9280-3304

　1996년 초 호주 패션 페스티벌에서 두각을 나타낸 Nicola Finetti는 이탈리아 출신의 건축가로, 시드니라는 도시에 매료되어 이곳에서 살기로 결정하면서 그의 인생도 크게

Flowers는 유쾌하고 재미있는 쇼핑 공간이다.

매장 안에 있는 제품의 디자인은 모두 꽃에서 영감을 얻은 것이며, 화병을 비롯하여 장신구, 액세서리, 화장품, 피부 보호 용품, 향수, 문구, 테이블 깔개, 조화 등이 마치 "큰 화원"을 떠올리게 한다. 특히 Caroline이 디자인한 귀걸이들은 거의 모든 스타일이 독창적이며 소장가치마저 느끼게 한다.

Arte Flowers에는 작은 갤러리와 바도 있다.

갤러리에서는 비정기적으로 호주와 유럽 예술가들의 작품을 전시하고 있으며 바에서는 커피, 프랑스 허브티, 벨기에 초콜릿, 케이크 등을 제공하고 있다.

Graham은 손님들이 이곳에서 물건을 구입하지 않고 아이쇼핑만 하면서 잠깐 앉아서 쉬었다 가도 좋다고 이야기한다. 이곳에서 차를 마시면서 "꽃"에 둘러싸여 물품 구입에 대한 어떤 압력도 없이 자유롭게 시간을 보내는 것도 여행 중 잊을 수 없는 추억이 될 것이다.

서 독창적인 비키니 수영복 등을 판매하다가 지금은 섹시하면서도 우아한 디자인으로 패션계를 선도하는 디자이너가 되었다. 그녀의 디자인은 주로 로맨틱한 고전 의상에서 영감을 얻어 최신 유행 동향을 예리하게 집어내는 능력이 더해져서 완성된다. 지금은 니콜 키드먼, 제니퍼 로페즈 등의 유명 할리우드 스타가 Lisa Ho의 고객이 되었다.

가격이 비싸서 일반인들은 감당할 수 없을 지도 모르지만, 세일 기간에는 상의 또는 허리띠 등의 액세서리를 비교적 저렴하게 구입할 수 있다.

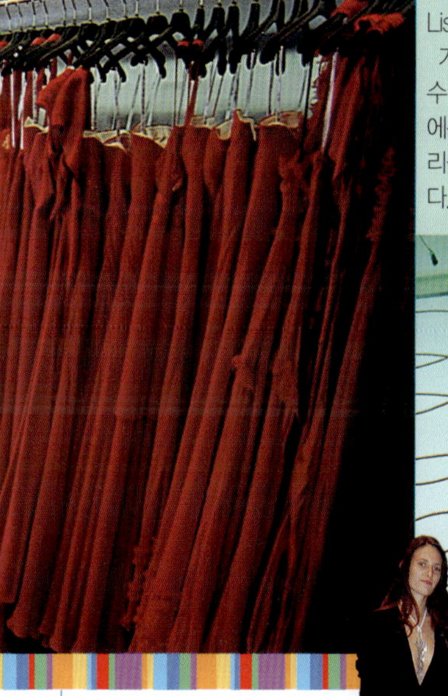

바뀌게 되었다.

이탈리아 로맨틱 사조의 영향을 받은 그는 디자인에 투명한 시폰을 사용하여 여성적 낭만을 표현하고 있다. 불규칙하고 개성적인 재단 역시 그의 장기이며, 우아하고 부드러운 디자인 중에서 그만의 개성이 한 올 한 올 잘 드러난다.

스캔런 & 테오도르
Scanlan and Theodore

P51C3

122 Oxford St., Paddington NSW

61-2-9360-9100

www.scanlantheodore.com.au

검소하고 우아한 스타일의 스캔런 & 테오도르(Scanlan & Theodore)는 직장 여성들이 주로 찾는 곳이다. 열광적인 지지자들이 모여드는 주말에 Scanlan & Theodore의 모든 지점에는 손님들로 물샐 틈 없이 북적인다.

Scanlan & Theodore는 Fiona Scanlan과 Gary Theodore, 두 사람이 함께 출시한 브랜드로 국제적으로도 이름이 꽤 알려져 있다. 이 브랜드의 디자인 철학은 성숙한 여성이 의상을 통해 더 지적이고 자신감 있는 분위기를 발산할 수 있도록 돕는 데 있다.

벨린다
Belinda

P51C2

39 William St., Paddington

61-2-9380-8728

많은 디자이너들의 작품이 진열되어 있는 벨린다(Belinda)는 규모는 작지만 결코 그냥 지나칠 수 없는 매장이다. 매장 안에는 Marc Jacobs, Patrick Cox, Sigerson Morrison, Dullico Del Duca와 같은 디자이너 브랜드의 가죽 신발, 가방 등 다양한 제품이 진열되어 있다. 물론 기본 스타일의 옷도 찾을 수 있지만, 가죽 구두 및 가방 등과 비교할 때에는 빛을 발하기 어렵다. Belinda는 가죽 제품을 좋아하는 여성들의 천국이라고 할 수 있다.

더 코너 숍
The Corner Shop

P51C2

43 William St., Paddington

61-2-9380-9828

Belinda와 두 걸음 정도 떨어져 있는 더 코너 숍(The Corner Shop)은 파격적인 스타일의 옷과 액세서리를 전문으로 한다. Belinda와 같은 회사지만, 두 매장의 스타일은 완전히 다르다. The Corner Shop의 제품들은 모두 개성이 있으며, 세계 각지에서 온 독립 브랜드의 디자이너 작품들이다. 가벼우면서도 디자인 감각이 떨어지지 않는 스타일의 제품들은 소녀적 감성을 살리면서도 자아 표현을 즐기는 개성적인 여성에게 적합하다.

앨러나 힐
Alannah Hill

 P50A2
 118-120 Oxford St., Paddington
 61-2-9280-8728

 일단 앨러나 힐(Alannah Hill) 안에 들어서면 울긋불긋한 색상 때문에 당황할지도 모른다. '울긋불긋'이라는 말 그대로 Alannah Hill의 스타일은 화려함 그 자체이다. 아시아 여성들이 Alannah Hill의 디자인을 상당히 좋아하여, 시드니에 도착하면 Oxford St.에 위치한 본점을 휩쓸고 지나가곤 한다.

 물론 일반적인 직장 여성들에게 부담 없는 가격대라는 점도 큰 요인이기는 하지만 젊고, 대담하며 천진함을 잃지 않는 디자인 역시 여성들의 마음을 흔들기에 충분하다.

 Alannah Hill의 액세서리는 꽃을 주제로 하고 있으며 머리에 꽂거나 옷이나 가방 등에 장식해도 좋다.

파블로 네바달
Paablo Nevadal

 Shop 1, 15 Cross St.
 61-2-9362-9455

 파블로 네바달(Paablo Nevadal)은 부부가 창업한 브랜드 숍으로 상당히 재미있는 창업 배경들이 있다. 남편은 뉴욕에서 은행원으로 근무한 경험이 있고, 부인은 화교 출신 호주인으로 실내 인테리어 디자이너이다. 두 사람 모두 관련 분야에서 정규 교육을 받지는 않았지만 본다이 비치에서 만들어낸 브랜드가 호주 패션 페스티벌에서 주목을 받게 되면서 새로운 본토 브랜드로 급부상하였다.

 Paablo Nevadal은 약간 성숙하고 중후한 스타일이지만, 1999년에 비교적 젊은 브랜드인 Pupp을 설립하면서 젊은이들과 정장을 입지 않는 여성들에게도 어필하고 있다.

식당

부조
Buzo

- P51D2
- 152 Jersey Road, Woollahra
- 61-2-9328-1600
- 화~토요일 18:30~24:00
- 전채요리 13.5~15달러,
  메인요리 19~25달러,
  디저트 7.5~15달러

부조(Buzo)는 울라라의 많은 테라스 하우스 중에 숨겨져 있는 이탈리아 레스토랑으로, 친절한 서비스와 맛있는 음식으로 유명하다. 요리를 좋아하는 젊은 사장은 자신의 레스토랑을 남부 유럽 스타일과 비슷하면서도 자기만의 스타일이 있는 곳으로 만들었다. 이런 이유로 레스토랑은 번화한 도로에 위치하고 있지 않아도 평일 저녁이면 손님들로 가득 차 있다.

특별한 인테리어는 없지만 이웃집 같은 친밀함과 열정이 있다. 사장은 매일 메뉴를 바꿔서 그의 요리를 다

존스 더 그로서
Jones The Grocer

- P51D3
- Moncur Street, Woollahra
- 61-2-9362-1222
- 월~토요일 8:00~17:00
- www.jonesthegrocer.com.au

시드니에서 가장 맛있는 샐러드를 먹을 수 있는 곳은 바로 울라라에

페넬로페 사치 허벌 티즈
Penelope Sach Herbal Teas

- P51D2
- Studio 3 162 C Queen St.
  Woollahra NSW 2025
- 61-2-9362-3339
- www.penelopesach.com.au
- 월~금요일 9:00~17:00
  수요일 9:00~12:00

마가렛 풀턴스 키친
Margaret Fulton's Kitchen

- P51D3
- 118-122 Queen Street,
  Woollahra, 123 Norton St.
  Leichhardt
- 61-2-9362-9177
- 월~금요일 10:00~20:00

토요일 9:00~18:00
일요일 12:00~17:00

마가렛 풀턴스 키친(Margaret Fulton's Kitchen)은 잼, 각종 빵의 페이스트를 비롯하여 마가렛 할머니가 배합하여 만든 수프, 스파게티 소스, 고기 요리에 적합한 반제품 음식 등을 판매하고 있는 레스토랑

양하게 맛볼 수 있도록 하고 있다. 신선한 육회 등의 애피타이저가 입맛을 돋우고 나면, 시실리 양고기 구이 또는 마늘, 허브로 재워 구운 닭 등의 메인요리를 먹을 수 있다. 그 후에 티라미스나 블루베리, 이탈리아 치즈로 만든 Torta di Verona 등을 디저트로 먹으면 된다.

전채요리, 메인요리, 디저트까지 다 먹으면 1인당 약 50달러 정도가 나오는데, 이러한 가격에 이 정도로 입맛에 딱 맞는 요리를 먹기는 쉽지 않으니 기회가 된다면 한 번 들러보자.

있는 존스 더 그로서(Jones The Grocer)이다. 이곳은 정제한 올리브유, 햄, 올리브, 치즈 등 고품격의 식재료를 사용하는 것으로 알려져 있다. 레스토랑 안을 보면 비교적 작지만, 중앙에는 대형 개방식 주방이 있으며, 옆쪽에는 시드니의 전형적인 장방형의 나무 테이블이 놓여 있다. 식사하는 손님들끼리 서로 모른다고 할지라도 더욱 친밀해지는 느낌을 받을 수 있다.

점심 식사는 약 7~14달러 정도면 먹을 수 있다. 신선한 샐러드, 샌드위치를 비롯하여 주방장 특선의 세트메뉴 등이 있는데 경제적이면서도 맛있는 요리를 맛볼 수 있는 좋은 레스토랑이다.

토요일 10:00~13:00

페넬로페 사치 허벌 티즈(Penelope Sach Herbal Teas)는 호주의 유명 자연 요법 치료사인 Penelope Sach가 설립한 약초 컨설팅 센터 겸 유기농 허브티 선문점이다.

그녀가 연구한 허브티는 모두 호주에서 재배된 유기농 허브로 만든 것이다. 게다가 약초 식물에 대한 지식으로 몸에 이로운 약효가 있는 허브티를 만들어 많은 사람의 사랑을 받고 있다. 이러한 차들은 모두 David Jones의 식품 코너에 가면 구입힐 수 있으며, 선물로도 손색이 없다

으로 맛의 정도가 고급 레스토랑의 수준과 비슷하다.

마가렛 할머니의 경력은 결코 짧지 않다. 50여 년 동안 호주 요리 잡지와 책 등을 써왔고, 사람들은 할머니를 고향의 맛의 원조라고 생각하고 있다. 레스토랑 안에서는 갓 만든 컨트리 파이, 스파게티, 각종 페이스트 등을 구입할 수 있으며, 가장 유명한 잼이나 올리브, 케첩 등도 살 수 있다. 가격은 4~8달러 정도로, 선물로 구입하여 친구들에게 나누어 주면 모두 좋아할 것이다.

맥스 브레너
Max Brenner

▲ P51C3
⌂ 447 Oxford St. Paddington,
  Manly 부두
☎ 61-2-9357-5055

 초콜릿 전문점을 표방하는 맥스 브레너(Max Brenner)는 일종의 복합식 카페로, 매장 안에는 초콜릿 외에도 초콜릿 관련 제품 등이 진열되어 있다.

 대표 제품은 Max Hot Chocolate이다. 이것은 작은 찻잔 아래에 티라이트를 사용하여 가열하는 핫초코에 우유와 초콜릿 조각을 곁들여 자신이 좋아하는 농도에 따라 조절하여 먹을 수 있다는 것이 장점이다. 또한 딸기 초콜릿도 많은 사랑을 받고 있는데, 신선한 딸기를 으깨어서 뜨거운 초콜릿을 부어 먹으면 정말 군침이 흐른다.

Ⓗ 숙박

Sullivans Hotel Sydney
▲ P50A1
⌂ 21 Oxford St., Paddington,
  Sydney NSW 2021
☎ 61-2-9361-0211
＄ 145~225달러
🌐 www.sullivans.com.au

L'otel Darlinghurst, Sydney
⌂ 114 Darlinghurst Rd., Darling
  hurst, 2010 Sydney
☎ 61-2-9360-6868
＄ 195~295달러
▲ www.lotel.com.au

Wattle Hotel Sydney
▲ P50B2
⌂ 108 Oxford St., Darlinghurst,
  Sydney NSW 2010
☎ 61-2-9332-4118
🅵 61-2-9360-3395
＄ 100~259달러
🌐 www.sydneywattle.com

Morgans Of Sydney
⌂ 304 Victoria St., Darlinghurst,
  2010 Sydney
☎ 61-2-9360-9217
＄ 170~300달러
🌐 www.morganshotel.com.au

메두사 Medusa

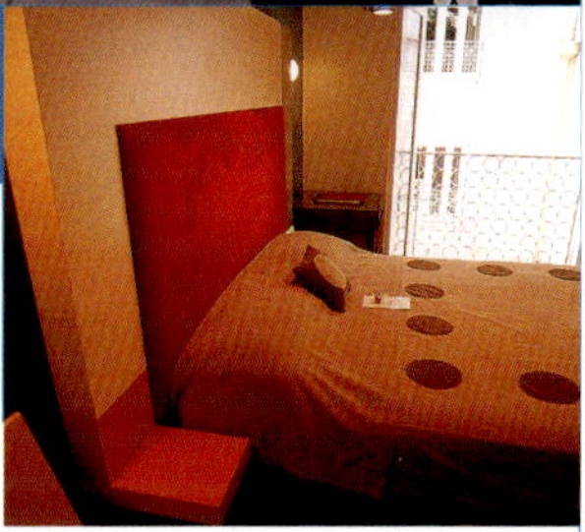

P65B3

267 Darlinghurst Rd.,
Darlinghurst, Sydney
NSW Australia 2010

61-2-9331-1000

61-2-9380-6901

270~385달러

www.medusa.com.au

Medusa는 시드니에서 가장 번화한 William St.와 Oxford St. 사이에 위치하고 있다. 독특한 경영방침과 디자인 이념으로 영국의 권위 있는 여행 잡지인 『Conde Nast Traveller』는 Medusa를 21세기 최고의 숙박 시설 중 하나로 꼽았다.

Medusa는 그리스 신화에 나오는 뱀 머리카락을 가진 여자이다. 원래는 아름다웠지만 제우스의 딸 아테나 여신의 질투로 인해 청초했던 얼굴이 괴물로 바뀌게 되고, 아름다운 머리카락은 독사로 변하였다. 또 그 얼굴을 본 사람은 바위로 변하였다. 이 호텔의 색채, 인테리어, 디자인은 모두 이 신화에서 영감을 얻은 것으로 정원, 복도, 객실 사이의 모든 공간에 분홍색 계열의 대비 색을 대량으로 사용함으로써 몸은 그곳에 있지만, 마치 신화 속의 가상공간에 있는 것 같은 느낌을 받게 한다.

건물 전체에는 18개의 객실이 있으며, 각 객실은 모두 다른 디자인으로 설계되어 있다. 대부분의 객실은 정원을 둘러싸고 있다. 밖에 나가고 싶지 않은 오후에는 정원의 긴 의자위에 누워서 책을 읽거나, 단잠을 자면서 조용하게 시간을 보내는 것도 의미 있는 휴가가 될 것이다.

P65B3
229 Darlinghurst Rd.,
Darlinghurst, Sydney
NSW Australia 2010
61-2-9332-2011
61-2-9332-2499
220~365달러
www.kirketon.com.au

　Kirketon은 Medusa와 가까운 거리에 있으며, 시드니 호텔계에 새로운 디자인과 개성만점의 라이프스타일 등을 창조하였다.

　도보로 5분이면 다운타운의 쇼핑가, 오피스 건물, 박물관, 오페라 하우스, 시드니 하버 브리지 등에 갈 수 있는 뛰어난 접근성을 지니고 있어 관광객들의 가장 큰 고민거리 하나를 덜어준다. Kirketon에는 40여 개의 객실 외에도 두 개의 레스토랑과 두 개의 바가 있어 관광객들에게 호주의 맛을 느낄 수 있도록 하였다.

　내부는 차가운 분위기로 연출되어 있으며, 약간 어두운 조명과 함께 유명 디자이너가 만든 가구, 액자 등이 호텔의 공용 공간을 채우고 있다. 일단 객실로 들어서면 밝은 방 안에는 깨끗하고 심플한 가구 등이 배치되어 있어 따뜻한 느낌을 준다. Medusa와 비교하여 볼 때 Medusa가 색채를 이용하여 개성 있는 공간을 연출한 반면, Kirketon은 공용 공간과 사적 공간을 조명의 명암 대비 등으로 구분하고자 하였다. 이를 통해 사람들은 이곳이 안전하고, 프라이버시를 존중해 주는 듯한 기분을 느낄 수 있다.

킹스 크로스

Kings Cross

킹스 크로스(Kings Cross)는 관광 명소들과 인접해 있으며, 교통도 편리하다. 저렴한 숙박 시설, 특색 있는 레스토랑, 바, 카페 등이 시드니의 밤을 더욱 즐겁게 해준다. 북쪽에 위치한 울루물루(Woolloomooloo)에는 시드니에서 새롭게 인기를 얻고 있는 부둣가 레스토랑이 많이 있다.

휠스 & 돌 베이비
Wheels & Doll Baby

📍 P65A4
🏠 259 Crown St.,
　 Darlinghurst 2010
📞 61-2-9361-3286
🌐 www.wheelanddoll-
　 baby.com
🕐 월~토요일 10:00~18:00
　 목요일 10:00~20:00
　 일요일 12:00~17:00

휠스 & 돌 베이비(Wheels & Doll Baby)는 무대 위의 스타들을 위한 매장으로, 이곳을 찾는 손님은 리브 타일러, 롤링 스톤즈, 그웬 스테파니, 다릴 한나, 섹시한 호주 가수 카일리 미노그 등 유명 스타들이다.

매장 안은 발랄하면서도 복고풍의 분위기로 설계되었고, 탈의실 안은 빨간색 벽지로 도배되어 있다. 호피 무늬의 카펫도 눈에 띈다. 이곳의 스타일을 아주 주의 깊게 보지 않더라도, 이미 열정적이면서도 여성적인 부드러움을 잃지 않는 스타일을 느끼게 될 것이

다. 레이스가 많이 달려있는 섹시한 스타일의 조끼부터 몸에 딱 달라붙는 섹시한 의상, 붉은 색의 원형 핸드백, 작은 반짝이를 붙인 여성용 팬티 등은 이목을 집중시킨다.

매장 안에 들어서면 블라우스나 작은 핸드백처럼 사지 않고는 못 배길 만큼 사고 싶은 것들이 많이 있다. 이곳 제품의 가격은 비교적 비싼 편으로 무늬 있는 민소매 셔츠가 약 150달러 정도이며, 정장은 250달러 이상이다. 부담 되는 가격이기는 하지만 스타들이 찾는 매장이니만큼 한번쯤 들러보는 것도 추억이 될 것이다.

치한 로버트 앤 안젤로(Robert and Angelo)는 대담하면서도 혁신적이고, 창의적인 인테리어 매장이다. 이곳의 제품들은 잘나가는 나이트클럽에 둘 만한 소품들이 대부분이며, 득이힌 디지인의 소품부터 대담한 색상의 의자, 재미있는 도안의 앞치마, 방석, 조미료 통 등 종류가 매우 다양하다.

Robert and Angelo는 런던, 뉴욕과 동시에 유행을 창조하고 있는데 사장인 Robert와 Angelo가 세계 각지에서 유행하는 제품을 들여오면 디자이너들이 새롭고 창의적이며 실용적인 제품으로 만들어내어 생활에 적잖은 즐거움을 제공해 주고 있다. Robert and Angelo에 와서 재미있고, 멋진 아이템들을 찾아보자.

로버트 앤 안젤로
Robert and Angelo

⌂ 153 Oxford Street, Darling hurst
☎ 61-2-9332-4840
🕐 월~토요일 9:00~18:00
　 일요일 10:30~17:30
Oxford St.의 동성애자 구역에 위

포야
Poya

P65B4

358 Victoria Street, Darling hurst

61-2-9361-3772

월~일요일

ww.poyanaturals.com

호주의 아로마 오일 및 목욕용품 브랜드인 포야(Poya)는 순수한 아로마 엑기스부터 목용용품, 화장수, 마사지 오일, 바디크림 등 향과 관련된 제품을 전문적으로 판매하고 있다.

이곳에서 판매하는 제품은 모두 품질이 뛰어나며, 특히 아로마 오일은 유기농 허브를 이용하여 추출한 것이기 때문에 인체에 완전히 무해하다. 가장 잘 팔리는 제품은 긴장을 풀어주는 아로마 오일, 라벤더 또는 장미향의 바디클렌저, 수분 바디크림 등이 있으며, 라벤더 바디클렌저의 가격은 한 병에 10달러 정도이다. 품질 대비 가격이 저렴한 편이라서 많은 인기를 얻고 있다.

🍴 식당

빅토리아 스트리트
Victoria Street

P65B3

킹스 크로스는 최근 패션, 유행 쪽으로 급격히 발전하였고, 이에 시드니 시민들도 이곳은 런던의 소호 지역처럼 히피 분위기가 물씬 풍긴다고들 말한다.

Victoria Street에 있는 Tropicana, Coluzzi, Cafe Felline 등의 특색 있는 카페들은 이 작은 거리에서 시드니의 커피 문화를 표출하고 있다.

이 카페들은 가게 앞의 넓지 않은 거리에 작은 나무 상자 같은 것을 두고 노천 좌석으로 활용하고 있다. Coluzzi의 사장에 따르면, 이 나무

상자는 원래 우유가 담겨 있던 상자인데, 손님이 많았던 어느 날, 그것을 의자 삼아 사용하게 되었고 시간이 지나면서 나무 상자 의자가 이곳의 특징으로 자리 잡았다고 한다.

휴고 라운지
Hugo's Lounge

 P65B2

 Level 1, 33 Bayswater Road, Kings Cross

 61-2-9357-4411

 화~토요일 18:00~심야

 시드니에 있는 많은 클럽, 바는 저마다 서로 다른 매력을 지니고 있다. 휴고 라운지(Hugo's Lounge)는 어떤 매력을 지니고 있는 걸까? 영국 배우인 이완 맥그리거가 시드니에서 "Star Wars-Return of the Clones"를 촬영할 당시에 이곳에 자주 들르면서 Hugo's Lounge는 폭발적인 인기를 누리게 되었다. Hugo's Lounge의 실내는 매우 어둡고, 독특

한 디자인의 소파, 화려한 전등, 빛이 나는 블라인드 등으로 인해 파티 분위기가 물씬 풍긴다. 실내 장식부터 조명 등이 클럽, 바의 분위기를 풍기기는 하지만, 이곳의 주방에서는 신선한 시드니 록스 지역의 생굴, 대하를 비롯하여 시금치를 곁들인 오리구이, 푸아그라 등 상당히 뛰어난 요리를 제공하고 있다.

 Hugo's Lounge에서는 반드시 유의할 점이 있다. 어두운 불빛에서 식사하는 것에 적응할 수 있어야 하고, 유명 모델과 예술가, 패션계 인사 등이 자주 등장하기 때문에 우아한 태도를 유지할 수 있어야 한다는 것이다.

빌스
Bills

 P65B3
 33 Liverpool St., Darlinghurst
2010
 61-2-9360-9631
 월~토요일 7:30~15:00
 케이크 15달러, 스크램블 에그
10.5달러 이상.

 간단한 메뉴와 친절함으로 유명한 시드니의 빌스(Bills)에서 가장 대표적인 요리는 사장 Bill Granger의 특제 케이크(Ricota hot cakes with fresh banana & Home-

노브 피쯔리아
Nove Pizzeria

 P65A1
 Area 9, 6 Cowper
Wharf Rd, Woolloomooloo
 61-2-9368-7488
 화~토요일 12:00~24:00
 전채요리 7~14달러, 피자 9달러, 스파게티 17~20달러
 노브 피쯔리아(Nove Pizzeria)는

울루물루에서 가장 경제적이며 비교적 저렴한 피자 전문점이지만, 레스토랑의 전망 및 음식의 맛과 질에서 보면 고급 레스토랑에 절대 뒤처지지 않는다.
 야외에 마련된 테이블에서 요리를 먹으면서 울루물루 부두에 있는 W Hotel에서부터 살랑살랑 불어오는 바람을 느끼며 바닷가 풍경을 감상

comb butter)이다. 입에 넣자마자 녹는 부드러움이 아주 특별하다. 영업시간 내에는 늘 손님으로 가득 차 있기 때문에 자리에 앉아 먹고 싶다면 아침 일찍부터 서둘러야 시드니 스타일의 여유로운 아침을 맛볼 수 있다.

Bills는 햇빛이 잘 들고, 여유롭게 식사하기에 좋은 곳이다. 많은 사람들이 이 곳에서 향이 진한 라떼와 콘 케이크, 시금치와 베이컨을 곁들인 요리, 또는 금방 짜낸 과일주스와 요구르트, 케이크나 스크램블 에그 등으로 하루를 시작한다. 아침에 신문이나 잡지 등을 읽으며 천천히 아침 식사를 하는 모습은 아주 일상적이다.

요즘 시드니에는 많은 사람이 같이 앉을 수 있는 큰 테이블이 유행하고 있다. 옆에 있는 사람과 가까이 앉고 싶거나, 혹은 옆 사람의 신문을 훔쳐보고 싶다면 큰 테이블에 앉아 창밖의 경치를 구경하면서 여유로운 아침을 즐기자.

해보자.

이 레스토랑은 피자와 스파게티를 주로 판매하고 있으며, 그 외에 이탈리아식으로 구운 빵에 토마토, 치즈, 올리브 등의 토핑을 얹어 먹는 애피타이저도 판매하고 있다. 피자는 선택의 폭이 더욱 넓은데, 호박, 시금치, 버섯, 오징어, 문어 등 다양한 토핑의 피자를 한판에 9달러 정도면 먹을 수 있다. 또한 20달러가 넘지 않는 전형적인 이탈리아 스타일의 미트 소스 스파게티, 파스타, 연어 스파게티, 닭고기 그라탱 등도 이 레스토랑의 인기 메뉴이다.

울루물루 부두에 위치한 이 레스토랑은 기본적으로 W Hotel과 협력관계에 있기 때문에 요리의 품질에 대해서는 충분히 만족할 것이다.

보타닉 가든 레스토랑
Botanic Gardens Restaurant

- P65A1
- 식물원(Botanic Gardens) 안에 위치. Mrs. Macquaries Road
- 61-2-9241-2419
- 점심 12:00~15:00, 주말에는 브런치 제공 9:30~11:30
- 평일 24달러, 주말 25달러

굳이 식물원에 놀러갈 이유를 찾을 수 없다면, 식물원 안에 있는 햇빛 찬란한 레스토랑에서 점심식사를 하는 것은 구미가 당길 것이다.

보타닉 가든스 레스토랑(Botanic Garden's Restaurant)은 Trippas White 식품회사에서 관리하는 레스토랑으로 대자연과 함께 식사를 할 수 있는 멋진 장소이다. 레스토랑 앞뜰이 완전히 개방되어 있어 햇빛이 실내까지 들어올 수 있고, 아이보리 색의 테이블, 의자, 천정은 레스토랑을 더욱 넓어보이게 한다. 밝은 햇빛과 철 난간을 덮고 있는 무성한 담쟁이, 보라색 꽃 등은 실내와 실외 공간을 자연스럽게 연결시키고 있다.

식물원 개방시간의 제한으로 인해 Botanic Garden's Restaurant은 점심 식사와 주말 브런치만을 제공하고 있다. 개방형 앞뜰은 사람들이 가장 좋아하는 장소이다. 철 난간을 따라 놓여있는 테이블에서는 햇빛을 즐기면서 식사를 할 수 있을 뿐만 아니라, 식물원의 꽃과 나무들을 동시에 감상할 수 있어 특히 인기가 많다.

레스토랑에서는 호주 스타일의 요리를 주로 제공하고 있으며 주방장은 계절에 따라 식재료를 선택하기 때문에 메뉴는 시기에 따라 달라진다. 감자 수프, 이탈리아식 그라탱, 양고기 구이, 연어구이, 스페인 토마토 수프, 아스파라거스 구이 등과 해산물 요리 등이 Botanic Garden's Restaurant이 자랑하는 요리들이다.

H 숙박

W 호텔 W Hotel

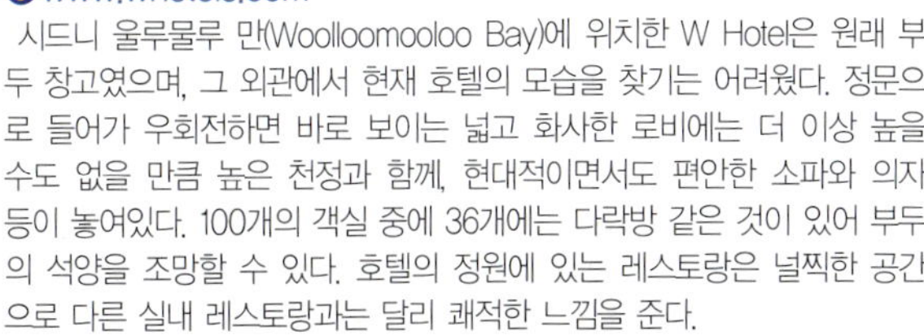

P65A1

6 Cowper Wharf Road,
Wooloomooloo, NSW 2011, Australia

61-2-9331-9000

61-2-9331-9031

www.whotels.com

시드니 울루물루 만(Woolloomooloo Bay)에 위치한 W Hotel은 원래 부두 창고였으며, 그 외관에서 현재 호텔의 모습을 찾기는 어려웠다. 정문으로 들어가 우회전하면 바로 보이는 넓고 화사한 로비에는 더 이상 높을 수도 없을 만큼 높은 천정과 함께, 현대적이면서도 편안한 소파와 의자 등이 놓여있다. 100개의 객실 중에 36개에는 다락방 같은 것이 있어 부두의 석양을 조망할 수 있다. 호텔의 정원에 있는 레스토랑은 널찍한 공간으로 다른 실내 레스토랑과는 달리 쾌적한 느낌을 준다.

호텔 주변에 있는 유람선 선착장 옆쪽에는 수많은 레스토랑이 선택을 기다리고 있다. 신선한 생선이 주재료인 오늘의 특선요리, 또는 주방장 추천 요리 등을 칠판에 써놓아 손님들의 주문을 도와주고 있다. 호텔 내에는 레스토랑에 바로 도착할 수 있는 연결 도로가 마련되어 있다.

Crest Hotel Sydney

111 Darlinghurst Rd., Kings Cross, Sydney

61-2-9358-2755

61-2-9358-2888

180~280달러

www.thecresthotel.com.au

Hotel 59 Sydney

59 Bayswater Rd., Kings Cross, Sydney

61-2-9360-5900

61-2-9360-1828

88~137달러

www.hotel59.com.au

Woolloomooloo Waters Apartment Hotel Sydney

88 Dowling St., Woolloomooloo Bay, Sydney

61-2-8837-8000

61-2-8837-8001

170~270달러

www.woolloomooloo-waldorf-apartments.com.au

Holiday Inn Potts Points

P65B3

203 Victoria St., Potts Point, Sydney

61-2-9368-4000

61-2-8356-9111

165~509달러

www.holidayinn.com

Mariners Court Hotel Sydney

44-50 McElhone St., Woolloomooloo, Sydney

61-2-9358-3888

61-2-9357-4670

154~220달러

www.marinerscourt.com.au

시드니 근교

센트럴 코스트

Central Coast

시드니 북쪽에 위치한 센트럴 코스트(Central Coast)는 시드니 시민들이 가장 좋아하는 휴양지이며, 아름다운 백사장, 숲, 강, 계곡 등이 어우러진 이상적인 장소이다. 사람들은 이곳의 주요 하천인 헉스베리 강에서 펠리컨이 크루즈 뒤에 유유히 앉아 있는 모습을 구경하거나 크루즈를 타면서 즐거운 시간을 보낸다.

이외에도 글렌워스 밸리에는 면적이 약 2,500만㎡에 달하는 호주에서 가장 큰 목장이 있으며, 자연 그대로의 유칼립투스 숲이 있다. 센트럴 코스트에는 펠리컨에게 먹이를 주거나, 승마를 즐기고, 신선한 굴 요리와 머드 크랩 등을 먹기에 적당한 관광 명소들이 있다.

교통 정보

◎ **자가용** : 시드니에서 북쪽으로 약 80km 떨어진 곳에 위치하고 있으며, 시드니에서 출발할 경우, F3도로를 타고 뉴캐슬(Newcastle)을 지나 약 1시간 정도 가면 도착한다.

◎ **기차** : 중앙역에서 City Rail을 타고 시드니 발 뉴캐슬 행 기차를 타면 된다.

◎ **버스** : 시드니의 투어프로그램을 이용하거나, 뉴캐슬 행 버스를 타면 된다.

 명소

글렌워스 밸리
Glenworth Valley

69 Cooks Road, Peats Ridge
61-2-4375-1222
61-2-4375-1195

www.glenworth.com.au
10:00~17:00.
자유 승마 :
10:00, 12:00, 13:00.
승마 강의 :
월~금요일 10:00, 14:00.
휴일 10:00, 12:00, 14:00.
2시간 55달러, 3시간 70달러,
6시간 90달러.

시드니에서 차로 1시간이면 글렌워스 밸리(Glenworth Valley) 목장에 도착할 수 있다. 이곳에는 200여 필의 훈련된 말이 있으며 2,500만㎡의 목장 곳곳에 울창한 숲과 초원, 원시적인 자연 우림 등이 있다. 이 목장은 호주 최대의 개방형 승마 센터로 승마 협회의 인증을 받은 곳이다.

말을 처음 타는 사람은 본인의 키에 맞는 말을 선택하도록 하자. 이곳의 말은 잘 훈련되어 있을 뿐 아니라 성격도 온순하기 때문에 크게 걱정할 필요는 없다. 말을 타는 동안에는 강사가 계속 따라다니기도 한다. 18세 이하의 어린이들을 위한 승마 과정도 있다.

엔트랜스 메모리얼 파크
(기념공원의 펠리컨)
The Entrance Memorial Park

Marinc Parade, The Entrance, New South Wales 2260
61-2-4333-5377
15:30

현지 어시장이 매일 오후 3시 반에 끝나면 남아있는 물고기를 펠리컨에게 먹여주는 것으로 시작되었다고 한다. 시간이 오래 지나면서 야생의 펠리컨들이 모여들어 일종의 습관처럼 되었다. 만약, 먹이를 주는 사람이 없을 경우에는 넓은 도로를 가로질러 사람들에게 물고기를 달라고 재촉하기도 한다.

후에 자원봉사자가 매일 남아 있는 물고기를 일정한 시간에 펠리컨들에게 먹이면서 현장에 모인 구경꾼들에게 설명해 주는 "오늘의 펠리컨 쇼"같은 프로그램이 생기면서 많은 부모들이 아이들을 데리고 와서 이를 구경하기도 한다. 어린 아이 키만큼 큰 펠리컨이 가지런히 앉아서 한 방향으로 먹이를 쳐다보고 있는 모습이 아주 재미있다.

식당

크랩 "N" 오이스터 크루즈
Crab "N" Oyster Cruise

- 5 Bridge Street Broklyn NSW 2080
- 61-2-9985-8237
- 61-2-9985-7330
- 화, 목, 일요일 9:00~10:30에 출항
- 일인당 46달러 이상. 생굴, 머드 크랩 등을 맛볼 수 있다.

헉스베리 강에 있는 이층 크루즈를 타면 멀리 보이는 배와 작은 마을 등이 마음을 탁 트이게 해준다. 크루즈의 선원이 민첩하게 굴을 발라내면서 굴 양식 과정과 굴 양식장 등을 보여준다. 구경이 끝나면 방금 발라낸 신선한 굴을 먹을 수 있

다. 굴에 레몬즙을 뿌려 먹거나, 소스에 찍어 먹으면 그 맛은 말로 형용할 수 없을 만큼 환상적이다.

크루즈를 타고 가는 도중에 선원은 미리 던져놓은 철망을 건지는데, 그 안에는 2마리의 머드 크랩이 있다. 그 머드 크랩이 얼음 속에 던져진 후 기절하게 되면 관광객들은 머드 크랩과 기념사진을 찍을 수 있다.

물론 이 신선한 게 역시 쟁반 위에 놓일 운명으로 사람들의 입을 즐겁게 해준다. 마지막으로 아저씨의 노랫소리가 시작되면 1시간 반 정도의 여정이 끝나게 된다.

울런공

Wollongong

시드니에서 남쪽으로 1시간 정도면 갈 수 있는 울런공(Wollongong)은 뉴 사우스 웨일스의 정원이라고 불린다. 이곳에는 도시의 번잡함 대신 자연 풍경과 아름다운 해안선 등이 있다. 울런공은 뉴 사우스 웨일스 주의 관광청이 최근 관광객에게 적극 추천하는 새로운 관광 명소이기도 하다.

교통 정보

◎ **자가용:** 시드니에서 남쪽으로 약 1시간 정도 가면 도착한다. 시드니에서 출발할 경우, F6 Freeway를 타고 가다가 Tourist Drive 10으로 접어들면 된다.

◎ **기차:** 중앙역에서 울런공 행 기차를 타면 된다.

◎ **버스:** 시드니 다운타운에서 버스를 타고 약 90분 정도 가면 도착한다.

◉ 명소

스케닉 코스트 해안 도로

Scenic coast

스탠웰 파크로부터 바다를 따라 남쪽으로 줄곧 이어진 울런공 스케닉 코스트 해안도로(Scenic Coast)는 뉴 사우스 웨일스 주의 주요 해안 도로 중 하나이다. 또한 Lawrence Hargrave Drive라고도 불리며 백색의 백사장과 웅장한 절벽들이 아름다운 호화 별장들과 어울려 장관을 이룬다. 많은 시드니 시민들이 주말에 차를 타고 이곳으로 와서 휴식을 취하곤 한다.

스탠웰 파크 앞에는 고지대의 Bald Hill이라는 곳이 있는데, 이곳에서는 해안 도로의 절경을 감상할 수 있을 뿐 아니라, 행글라이딩 포인트가 있어 날씨가 좋은 날의 아침이면 장비를 착용한 사람들이 행글라이딩을 하는 것을 볼 수 있다.

스탯포드 라벤더 파크
Statford Park

⌂ Pearsons Lane, Wildes
Meadow

☏ 61-2-4885-1101

⏰ 10:30~16:40

호주는 허브의 대량 생산지로, 남쪽의 태즈메이니아 섬 외에도 이곳에서 50여 종류, 8만 그루의 라벤더를 키우고 있다. 호주 본토 섬에서 가장 큰 라벤더 농장이라고 말할 수 있다.

농장 주인은 관광객들에게 라벤더 건조에서부터 오일 추출 과정 등 라벤더 오일 제작 과정에 대하 설명해 준다. 물론 이곳에서 양초, 오일, 향주머니 등 각종 라벤더 관련 제품을 구입할 수 있다.

다양한 라벤더 기념품 외에도 신선한 올리브, 페이스트 등의 농산품도 판매하고 있다, 술을 좋아하는 경우에는 농장 내에 마련된 작은 술 저장고에 가면 10여 종의 와인과 무알콜 음료 등을 맛볼 수 있다.

시내
Downtown

작지만 아름다운 울런공 시내는 그야말로 한가롭고 여유로운 분위기 그 자체이다. 날씨가 맑을 경우에는

울런공 항만에 있는 등대 옆에 앉아 일광욕을 하면서 망망대해를 바라볼 수 있다.

잼버루 레크리에이션 파크
Jamberoo Recreation Park

⌂ Pearsons Lane, Wildes
Meadow

☏ 61-2-4885-1101

⏰ 10:30~16:40

각종 수상 시설과 놀이공원 등은 잼버루 레크리에이션 파크(Jamberoo Recreation Park)를 어린이들의 낙원으로 만들었다. 티켓 한 장이면 모든 시설을 이용할 수 있는 놀이공원으로 이곳에 오면 하

일라와라 박물관(Illawarra Museum)은 구 우체국 내에 있는 작은 박물관으로, 이곳에는 울런공 주민들의 옛 생활 모습을 재현해 놓았다.

루를 다 써야 한다고 생각하면 된다. 이곳에 놀러오는 사람들은 호주 현지인들이 대부분이며, 언제나 물놀이를 하는 아이들로 북적인다.

옆에 있는 꽃 공장은 드라이플라워를 주로 만드는 대형 창고로, 내부에는 자연 건조 방식으로 말린 드라이플라워가 전시되어 있다. 또한 드라이플라워 제작 과정을 시범으로 보여 주므로 관심 있다면 이곳에 들러도 재미있는 시간을 보낼 수 있을 것이다. 전시 센터에는 장미, 라벤더 오일, 로션, 핸드크림 등 다양한 제품을 판매하고 있으니 쇼핑하기에도 좋다.

난티엔 사원(南天寺)
Nan Tien Temple

⌂ Berkeley Rd., Berkeley
☏ 61-2-4272-0601
◷ 월~화요일 9:00~17:00
🌐 www.fgs.org.tw

외국에서 이러한 대형 사찰을 볼 수 있다니 얼마나 감동적인가! 성운대사(星雲大師)가 창립한 난티엔 사원(Nan Tian Temple)은 남반구에서 가장 큰 사찰이며 최근 들어 울런공 지역의 중요한 관광 명소로 떠오르고 있다.

난티엔 사원의 웅장한 건물 안에는 대웅전, 향로 박물관, 정원 등이 있다. 이곳에는 정좌, 채식 요리 교실, 태극권, 불교학 등의 과정이 마련되어 있으며, 100개의 현대적인 객실이 있는 건물도 있어 참배를 하러 온 사람이나 관광객들의 숙소로 이용된다. 대부분의 관광객들은 식당에서 채식 요리를 먹게 되며, 식사의 가격은 매 끼당 7달러 정도이다.

헌터 밸리

Hunter Valley

시드니에서 차로 2시간 정도의 거리에 헌터 밸리(Hunter Valley)가 있다. 이곳은 시드니에서 가장 가까운 와인 생산지로, 호주 와인의 주요 공급지이기도 하다. 헌터 밸리에서 재배되는 포도의 품종은 매우 다양하며, 이곳에서는 와인과 요리 등도 맛볼 수 있다. 관광객들은 보통 자가용으로 이곳에 와서 당일치기로 몇몇 와이너리에 들러 맛을 보고 쇼핑을 한다. 혹은 포도농장에서 경영하는 레스토랑에 가서 호주 본토의 요리를 같이 맛보기도 한다.

헌터 밸리에는 100여 개의 크고 작은 와이너리가 있으며, 대부분은 중소형의 규모로 시드니를 비롯한 호주 여러 지역에 공급하고 있다. 이곳에는 대중교통 수단이 없어서 현지의 와인 패키지 투어에 참가하거나 마차, 자전거 등을 타고 둘러볼 수 있다.

교통 정보

◎당일 여행

헌터 밸리의 와인 재배지에는 각 지역 및 와이너리로 가는 직행 버스가 없기 때문에 많은 여행사가 와이너리로 가는 패키지 투어를 마련해 두었다. 일반적으로 투어에 참가한 관광객이 머무는 호텔에서 픽업하기 때문에 자가용으로 여행하지 않는 사람에게는 아주 편리하다. 하루 비용은 30달러 정도이며, 자세한 내용은 헌터 밸리 여행청의 홈페이지를 조회하도록 하자.

◎자가용

시드니에서 출발하는 경우 National Highway 1(F3)을 타고 약 100km 정도 가다가 Cressnock으로 향하는 표지판을 보고 고속도로에서 나오면 된다.

◎기차

시드니에서 Newcastle 또는 Maitland로 가는 기차를 타고, 다시 Rover Motors의 버스로 갈아탄 다음 Cressnock으로 가면 된다. Cressnock은 헌터 밸리에 진입하기 바로 전에 나오는 작은 마을로 자가용이 없는 경우에는 이곳에서 택시나 자전거를 타고 와이너리로 가야 한다. 혹은 이곳에서 당일 패키지 투어에 참가할 수 있다.

◎버스

시드니의 많은 여행사들이 당일, 혹은 그 이상의 여행 패키지 프로그램을 운영하고 있다. 또한 Rover Coaches Wine Country Express에는 매일 시드니에서 헌터 밸리를 왕복하는 버스가 있다. 관광객들은 Cressnock, 헌터 밸리 여행자 서비스 센터, 헌터 밸리 가든 등을 선택해서 아무 곳에서나 내리면 된다. 혹은 시드니 공항에서 이곳으로 바로 가는 차편도 있다. 버스의 편도 요금은 성인 30달러, 학생 및 노인 20달러이다.

예약 전화 : 1-800-801-012(월~금)

이메일 : bookings@rovercoaches.com.au

※더 자세한 내용은 헌터 밸리 여행청 홈페이지를 참고한다.

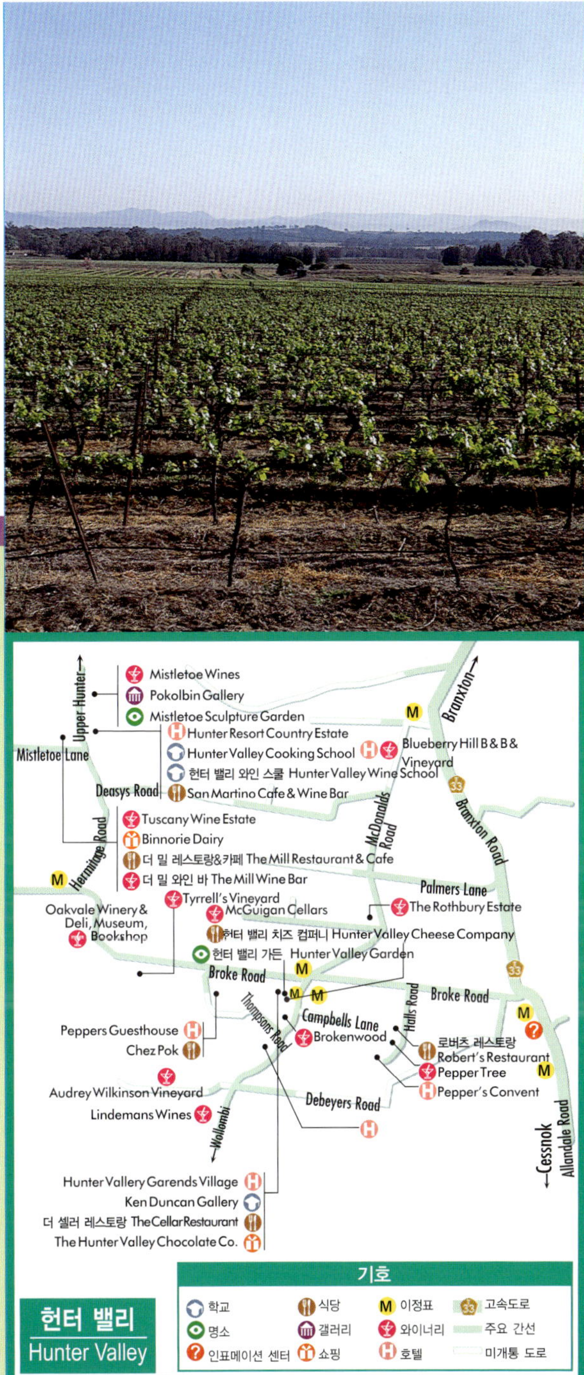
Mistletoe Wines
Pokolbin Gallery
Mistletoe Sculpture Garden
Upper Hunter
Branxton
Hunter Resort Country Estate
Hunter Valley Cooking School
Blueberry Hill B & B & Vineyard
헌터 밸리 와인 스쿨 Hunter Valley Wine School
Mistletoe Lane
Deasys Road
San Martino Cafe & Wine Bar
McDonalds Road
Branxton Road
Tuscany Wine Estate
Binnorie Dairy
더 밀 레스토랑&카페 The Mill Restaurant & Cafe
더 밀 와인 바 The Mill Wine Bar
Hermitage Road
Palmers Lane
Tyrrell's Vineyard
McGuigan Cellars
The Rothbury Estate
Oakvale Winery & Deli, Museum, Bookshop
헌터 밸리 치즈 컴퍼니 Hunter Valley Cheese Company
헌터 밸리 가든 Hunter Valley Garden
Broke Road
Broke Road
Halls Road
Thompsons Road
Campbells Lane
Peppers Guesthouse
Chez Pok
Brokenwood
로버츠 레스토랑 Robert's Restaurant
Pepper Tree
Pepper's Convent
Audrey Wilkinson Vineyard
Lindemans Wines
Wollombi
Debeyers Road
Cessnok
Allandale Road
Hunter Vallery Garends Village
Ken Duncan Gallery
더 셀러 레스토랑 The Cellar Restaurant
The Hunter Valley Chocolate Co.
기호
학교
명소
인포메이션 센터
식당
갤러리
쇼핑
이정표
와이너리
호텔
고속도로
주요 간선
미개통 도로
헌터 밸리
Hunter Valley

헌터 리조트 컨트리 에스테이트 와인 스쿨
Hunter Resort Country Estate Wine School

⌂ Hermitage Road, Pokolbin, Hunter Valley
☎ 61-2-4998-7777
🌐 www.huntervalley.com.au
💲 Wine School 일인당 25달러

와인에 대해 문외한이라고 헌터 밸리를 멀리할 필요는 없다. 가벼운 마음으로 현지 와이너리에서 준비한 "와인 이해를 위한 속성반 프로그램"에 참가하면 와인 전문가가 될 수 있다.

헌터 밸리 와인 스쿨(Hunter Valley Wine School)은 헌터 밸리에 있는 와인 공부를 위한 전문학교 중의 하나이다. 가이드들은 관광객을 데리고 포도 농장에 들어가 헌터 밸리 지역의 기후 및 토양 상태, 어떤 품종의 와인을 만드는지 등에 대해 자세하게 설명해 줄 것이다. 그런 다음에 관광객들은 양조장으로 가서 와인 제조 과정에 대한 설명을 듣게 된다. 와인 제조법에 대해 초보적 수준의 이해를 하고 나면 가이드는 "학생"들을 교실로 데리고 들어가 어떻게 와인을 마시는가에 대해 설명해 준다.

한 사람당 4개의 와인 잔이 놓여 있고, 각각의 잔에 서로 다른 종류의 와인을 따라준 후, 와인의 색을 감상하고, 잔을 흔들며, 향을 맡고, 맛을 음미하는 4개의 기본 동작에 대해서도 설명해 준다.

일반적으로 가이드들은 와인의 특징을 설명해 주면서도 좋은 와인은 개인의 취향에 따라 결정되는 것이라고 강조하기도 한다. 또 와인은 반드시 맛에 의해 평가가 되는 것이기 때문에, 목 넘김이 좋은 와인이 좋은 와인이라 할 수 있다고 설명한다. 서로 다른 연도와 종류의 와인을 맛보면서 와인에 대해 더 깊은 이해를 할 수 있다.

헌터 밸리의 와이너리에는 모두 시음 코너가 있다. 이곳에서 하루 종일 와인의 세계에 빠져 있다보면 어느덧 와인 전문가가 되어있는 것을 느낄 것이다. 옆의 도표는 헌터 밸리에 있는 와인 투어를 제공하는 와이너리의 리스트로, 관심 있는 사람들은 사전에 투어를 예약해도 좋다.

와이너리	주소	연락처	시간
Drayton's Family Wines	Oakey Creek Road, Pokolbin	61-2-4998-7513	월~금 11:30
First Creek Wines	Cnr McDonalds & Gillards, Pokolbin	61-2-4998-7293	매일 정오 12:00
Hermitages Road Cellars & Winery	Hermitage Road, Pokolbin	61-2-4998-7771	매일 11:00, 14:00
McGuigan Cellars	McDonalds Road, Pokolbin	61-2-4998-7402	월~금 12:00, 주말 11:00, 12:00, 14:00
McWilliams Mt. Pleasant Estate	Marrowbone Road, Pokolbin	61-2-4998-7505	매일 11:00
The Rothbury Estate	1 Broke Road, Pokolbin	61-2-4998-7363	매일 10:30
Tyrrell's Vineyard	Broke Road, Pokolbin	61-2-4993-7000	월~토 13:00
Vinden Estate Wines	17 Gillards Road, Pokolbin	61-2-4998-7410	매일 12:00
Wandin Valley Estate	Cnr Wilderness & Lovedale Road, Lovedale	61-2-4930-7317	매일 11:00
Wyndham Estate	700 Dalwood Road, Dalwood via Branxton	61-2-4938-3444	매일 11:00

헌터 밸리 가든
Hunter Valley Gardens

⚹ P83

🏠 Broke Road, Pokolbin
　 NSW 2320

☎ 61-2-4998-7600

🌐 www.hvg.com.au

🕐 10:00~17:00

💲 성인 15달러, 어린이 8달러, 패밀리 티켓 46달러(성인 2, 어린이 3)

　면적 25만㎡의 헌터 밸리 가든 (Hunter Valley Gardens)은 헌터 밸리에서 최근에 개발된 관광 명소이다. 이곳은 호주 뉴 사우스 웨일스 주 최대의 미로 정원이라 할 수 있다. 정원은 12개의 테마로 설계되어 있으며, 장미 정원을 비롯하여 이탈리아 정원, 일본 정원, 영국 정원, 동화 정원, 난 정원, 중국 정원, 인도 다원, 수중 식물 정원 등이 있다. 관광객들은 이곳에서 전 세계 스타일의 정원과 꽃 등을 감상할 수 있다.

　이 정원들 중에서 가장 독창성이 돋보이는 정원은 여러 나라에 전해지는 동화인 "이상한 나라의 엘리스"를 모티브로 한 동화 정원으로, 동화에 나오는 주인공 인형들이 정원 곳곳에 흩어져 있다. 인형 앞에는 설명서가 붙어 있어, 동화의 상황들을 떠올릴 수 있도록 연출하였다. 이곳은 살아있는 것 같은 주인공과 이야기들을 실생활 속으로 이끌어 냈다.

　길이 8km에 달하는 보행로를 걷다보면 힘이 들지만, 적어도 2시간 정도는 걸어야 정원을 다 둘러볼 수 있다. 이곳에 들어가기 전에 생수와 모자를 챙기는 것을 잊지 말고, 편안한 복장으로 여행을 떠나는 것이 좋겠다.

🍴 식당

헌터 밸리 치즈 컴퍼니
Hunter Valley Cheese Company

🔺 P83
🏠 McDonalds Road
☎ 61-2-4998-7744

헌터 밸리는 와인 주산지이기는 하지만 포도원 사이사이에는 농산품을 생산하는 개인 농장들이 많이 있다. 초콜릿, 올리브, 수공 치즈 등을 생산하고 있는 농장들 중에 헌터 밸리 치즈 컴퍼니(Hunter Valley Cheese Company)의 규모가 가장 크기 때문에 많은 여행사들이 관광객을 데리고 이곳을 들르기도 한다.

이곳에서는 치즈의 제조 과정을 참관하는 것 외에도 각종 치즈 및 농산품을 구입할 수 있다. McGuigan Cellars 와이너리의 근처에 위치하고 있으며, 부설 치즈 레스토랑은 09:00~17:00까지 점심, 치즈 디저트 등을 제공하고 있다. 5종류의 치즈 세트, 애피타이저 세트 등이 있으며, 비용은 25달러(2인분)이다.

더 밀
The Mill

🔺 P83
🏠 Cr Hermitage Road & Mistletoe Lane, Pokolbin, NSW 2320
☎ 61-2-4998-7288
⌚ 점심 12:00, 저녁 19:00부터
🌐 www.tuscanywineestate.com.au
💲 피자 17달러, 스파게티 16달러, 와이너리 세트 14.5달러

더 밀(The Mill)은 현대적 디자인의 레스토랑으로, 헌터 밸리 요리를 제공하고 있다. 대표적 요리는 피자인데, 이탈리아 전통 방식의 피자에서부터 인도 스타일의 탄두리 양고기 피자, 멕시코의 용설란 피자, 중국의 북경오리 피자, 지중해 스타일의 야채 피자 등 다양한 선택이 가능하다. 레스토랑 한쪽에는 The Mill Winemakers Bar가 있는데, 술을 좋아하는 사람들을 위한 작은 바로, 20여 종의 와인, 생맥주 등을 마실 수 있도록 하였다.

로버츠 앳 페퍼 트리
Robert's at Pepper Tree

🔺 P83
🏠 Halls Rd., Poklbin, Hunter Valley
☎ 61-2-4998-7330
🕐 점심 12:00, 저녁 19:00부터
💲 오늘의 특선 29달러, 전채요리 13~35달러, 메인요리 35달러, 디저트 14.5~17달러

로버츠 앳 페퍼 트리(Robert's at Pepper Tree)는 전형적인 와이너리 레스토랑으로, 담쟁이로 가득한 목조 건물은 1876년에 세워졌다. 주변에는 다양한 꽃으로 둘러싸여 있으며, 레스토랑은 약간 높은 곳에 위치하고 있다.

나무 바닥, 천장 등과 함께 심플한 디자인으로 우아하면서도 세심한 식사 환경을 제공하고 있다.

대표 요리는 헌터 밸리 특산의 야생 버섯, 오리 구이, 양 갈비 등이며, 계절에 따라 메뉴가 바뀐다. 생굴, 게, 조개, 토끼, 물오리, 돼지, 소고기, 야생 버섯과 직접 기르는 채소, 치즈, 직접 만든 파이와 빵, 수타 스파게티, 그라탱 등 중에서 선택할 수 있으며, 향기로운 술과 함께 하면 더할 나위 없이 훌륭하다.

더 셀러 레스토랑
The Celler Restaurant

🔺 P83
🏠 Hunter Valley Gardens Village, Broke Road, Pokolbin, 2320
☎ 61-2-4998-7584
🕐 월~토요일 점심, 저녁.
❗ 주말 및 공휴일에는 1인당 3달러의 기본요금이 추가됨.

더 셀러 레스토랑(The Celler Restaurant)은 호주의 현대 요리를 주로 선보이고 있으며, 주방장 Mark Hosie와 Andy Wright는 헌터 밸리에서 생산되는 신선한 식재료만을 사용하여 요리를 만들고 있다.

송어와 감자 요리, 죽순과 태국 향초, 캥거루 고기는 모두 이곳의 대표 요리이다. 요리를 먹을 때는 잊지 말고, 와인을 시켜서 헌터 밸리의 향기를 느껴보자.

블루 마운틴

Blue Mountains

국립공원

블루 마운틴(Blue Mountains) 국립공원은 호주의 세계 유산인 "블루 마운틴 산악 지대(The Greater Blue Mountains Area)" 내의 7개 국립공원 중 가장 유명한 곳이다. 넓은 유칼립투스 숲의 공기 중에 떠다니는 유칼립투스의 미세한 오일 성분이 햇빛에 반사되면서 옅은 파란색으로 보이기 때문에 블루 마운틴이라는 이름을 갖게 되었다. 블루 마운틴의 광활한 자연 경관은 대자연을 사랑하는 수많은 사람들을 이곳으로 이끌었다. 전체 산악 지대에는 20개의 작은 마을이 흩어져 있기 때문에 자가용으로 운전해서 여행하는 경우에는 한적한 마을에 들러서 스파(Spa)와 시골 풍경의 민박(B&B), 유럽 스타일의 작은 여관 등을 경험해 보는 것도 이곳 여행의 즐거움이라 할 수 있다.

교통정보

◎자가용

시드니에서 M4 고속도로를 타면 Lapstone에 다다를 수 있다. 또는 순환도로를 이용하여 Winsor와 Richmond를 지나서 와도 된다. 차로 약 2시간 정도 소요된다.

◎기차

시드니 중앙역에서 매 시간마다 블루 마운틴으로 가는 기차가 있다. Katoomba에서 내려 Blue Mountains Explorer Bus를 타면 당일에 한해 27개 정류장에서 무제한으로 승하차가 가능하다. 자세한 내용은 사이트를 참고하면 된다.

www.explorerbus.com.au

◎버스

서큘러 키에서 블루 마운틴으로 출발하는 관광버스가 여러 대 있다.

◎블루 마운틴 국립공원 여행자 서비스 센터

로라(Leura), 카툼바(Katoomba) 및 에코 포인트(Echo Point) 등에 서비스 센터가 있다.

www.bluemountainstourism.org.au

블루 마운틴 여행의 기점은 바로 카툼바(Katoomba)이다. 이곳에서 여행과 관련된 모든 정보를 찾을 수 있으며, 배낭여행객들도 Trolley Tour, Blue Mountains Explorer Bus 등 도보를 대체할 교통수단을 찾을 수 있다.

에코 포인트
Echo Point

- 카툼바 여행자 센터 옆의 비탈 길에서 아래로 내려가면 도착

에코 포인트(Echo Point)는 관광객들이 세 자매 봉우리를 감상하기에 가장 좋은 지점이며, 블루 마운틴 전경을 감상하기에도 안성맞춤인 곳이다. 전망대 한쪽에는 여행자 서비스 센터가 있고, 여행자 센터 뒤에 있는 보행로는 세 자매 봉우리로 가는 길이다.

시닉 월드
Scenic World

- Corner of Violet Street & Cliff Drive
- 61-2-4782-2699
- www.scenicworld.com.au

- 레일웨이(Railway)의 편도 요금 : 성인 6달러, 어린이 3달러, 패밀리 티켓 15달러.
  왕복 요금 : 성인 12달러, 어린이 6달러, 패밀리 티켓 25달러.
  스카이웨이의 왕복 요금 : 성인 10달러, 어린이 5달러, 패밀리 티켓 20달러.
- 9:00~17:00

시닉 월드(Scenic World)는 관광객들이 블루 마운틴에 오면 꼭 방문해야 할 관광 명소이다. 이곳에서는 서로 다른 3종

세 자매 봉우리
The Three Sisters

세 자매 봉우리(The Three Sisters)는 블루 마운틴 국립공원에서 가장 중요한 상징물 중의 하나이다. 현지 원주민들 사이에서 전해 내려오는 전설은 이러하다. 에코 포인트 쪽에 아리따운 세 자매가 살고 있었는데, 너무 예쁜 나머지 그 사

류의 스카이웨이, 레일웨이, 케이블
웨이 등을 탈 수 있을 뿐만 아니라,
블루 마운틴의 깊은 곳까지 들어가
숲속에서 대자연의 오묘함을 느낄
수 있다. 블루 마운틴 국립공원의
Jamison Valley에는 2.2km 길이의
나무 보행로가 설치되어 있어 관광
객들은 숲속에서 맑은 공기와 400
여종의 새를 만날 수 있다.

세 자매 봉우리에 가기 위해 스카
이웨이를 타고 계곡을 건너면 카툼
바 폭포도 볼 수 있다.

실이 마왕의 귀에까지 들어가게 되
었고, 마왕은 이들을 자기의 것으로
만들고자 하였다. 우연히 이 소식을
듣게 된 세 자매는 급히 주술사를
찾아가서 도움을 요청하고, 주술사
는 그녀들을 잠시 동안 바위로 변하
게 하여 마왕으로부터 벗어날 수 있
도록 하였다.

세 자매는 재난에서 벗어났지만,
주술사가 마왕에 의해 죽임을 당하
게 되면서 사람으로 돌아올 수 없었
다. 그 때문에 세 자매는 영원히 에
코 포인트를 멀리 바라보면서 같은
자리에 서있게 되었다고 한다.

91

쇼핑

로라 마을
Leura

블루 마운틴 국립공원의 관광 명소로 들어가기 전에 일반적으로 관광객들은 모두 로라 마을(Leura)에서 잠깐 머무르게 된다.

이곳은 산속의 작은 마을이지만, 레스토랑, 갤러리, 소품점 등과 함께 역사적 건축물과 아름다운 정원 등이 있어 많은 여행객들의 이목을 집중시키고 있다.

단지 짧은 거리(Leura Mall)일 뿐인데, 이곳에 있는 매장들은 다양한 특색을 갖고 있으며, 도로 양쪽에 활짝 핀 꽃과 나무 벽화는 동화 속 같은 낭만적인 분위기를 연출하고 있다.

로라 파인 우드워크 갤러리
Leura Fine Woodwork Gallery

130 The Mall, Leura nsw 2780
61-2-4784-1768
www.finewoodwork.com.au
10:00~17:00

이곳은 호주의 공예가들이 만든 작품을 파는 전문 매장이다. 공예품들은 수작업으로 만들어졌을 뿐만 아니라 모양도 아주 고상하고, 세련되었다. 나무 그릇을 비롯한 숟가락, 칼, 나무선반, 조각상 등 다양한 제품이 있는 이 갤러리는 특히 목제품을 좋아하는 사람들에게 인기가 있다.

식당

바이건 뷰티스
Bygone Beauty's

🏠 Cnr Grose & Megalong Street, Leura, NSW 2780
📞 61-2-4784-3117
🌐 www.bygonebeautys.com.au

바이건 뷰티스(Bygone Beauty's)는 Leura Mall에 숨어 있는 찻집 겸 골동품점이며, 현지에서 인기 높은 레스토랑이기도 하다. 특히 사장

이 전 세계에서 수집한 3,000여 개의 티포트(전 세계에서 개인 중에서는 최대로 소장하고 있다고 함)와 전통적인 영국 스타일의 애프터눈 티 등으로 더 유명하다.

애프터눈 티에는 영국식 크림빵과 샌드위치, 수제 쿠키와 케이크, 그리고 진한 향의 영국 홍차가 포함된다. 차를 마신 다음에는 가게 내에 있는 골동품 점을 둘러볼 수도 있다. 이곳에서 어떤 보물을 찾게 될지 누가 알겠는가!

더 루스터 레스토랑
The Rooster Restaurant

🏠 48 Merriwa Street, Katoomba
📞 61-2-4782-1206
💲 2종 세트메뉴 52달러,
　 3종 세트메뉴 64달러

1970년대에 설립된 더 루스터 레스토랑(The Rooster Restaurant)은

오랜 전통을 지닌 레스토랑으로, 내부는 전통적인 실내 장식을 그대로 유지하고 있어 사람들에게 익숙한 느낌을 준다. 이곳에서는 프랑스식 요리를 주로 내놓고 있다.

세트 메뉴 방식으로 되어 있어, 6개의 전채요리와 8개의 메인요리 중에서 선택하면 된다. 대표 요리는 메뉴판에 30년 가까이 남아있는 오렌지 오리 구이이다. 오리 고기가 신선하고 부드러울 뿐만 아니라 쿠앵트로(Cointreau) 술로 만든 소스가 더욱 입맛을 당기게 한다. 그 외에도 양 갈비, 야생 토끼 파이 등도 산 속에서 맛볼 수 있는 최고의 별미이다.

더 솔리터리 키오스크
The Solitary Kiosk

🏠 90 Cliff Drive, Leura Falls, Blue Mountains
📞 61-2-4782-1164
🌐 www.solitary.com.au
🕐 레스토랑 :
　 점심/주말 12:00~15:00,
　 저녁/화~토요일 18:30~21:00.
　 Kiosk : 매일 10:00~16:00,
　 주말에는 아침 제공
　 8:00~11:00

더 솔리터리 키오스크(The Solitary Kiosk)는 주로 간단한 메뉴를 제공하고 있다. 실내의 좁은 공

간과 몇 개의 좌석은 따뜻한 분위기를 풍기고, 야외의 테이블은 블루 마운틴을 마주보고 있어 인기가 좋다. 여러 가지 모양의 구름이 블루 마운틴과 만났다가 헤어지는 신비한 절경을 이곳에서 감상할 수 있다. 여름은 이 광경을 가장 잘 감상할 수 있는 절호의 시기이다.

호박 수프와 빵 등은 간단하지만 겨울에는 아주 멋진 점심 식사가 된다. 신선한 샐러드와 시원한 화이트 와인을 같이 즐기면 한여름의 더위를 식히는데 최고의 선택이 될 것이다.

멜버른 96
Melbourne

멜버른

Melbourne

멜버른(Melbourne)은 금광으로 부유해진 도시이며, 1929년 이전에는 호주 연방 정부의 임시 수도였다. 200여 년의 이민 역사를 지닌 멜버른에는 현대적이면서도 고풍스러운 분위기가 풍긴다. 지금까지 남아있는 초기 석재 건축물과 도시의 1/4 이상을 차지하는 공원 녹지, 풍부한 맛을 자랑하는 수천 곳의 레스토랑 외에도 전 세계에서 강과 해변을 동시에 끼고 있는 몇 안 되는 도시라는 점에서 멜버른은 자신만의 매력으로 여행객들을 설레게 한다. 푸르고 맑은 야라 강은 멜버른의 젖줄이며, 이러한 천혜의 자연조건은 멜버른을 "세계에서 가장 살기 좋은 도시"로 손꼽히게 하였다.

멜버른에는 쇼핑센터와 백화점 등이 많이 있지만, 이것을 제쳐두고라도 가장 재미있는 것은 도로 곳곳에 숨어있는 멜버른 그 자체이다. "길에서 다른 사람을 구경할 수도 있고, 다른 사람에게 구경거리도 될 수 있는" Chapel Street를 비롯하여, 보헤미안 스타일의 Brunswick Street, 에덴동산보다 더 유혹적인 Acland Street, 예술 창의성이 돋보이는 빅토리안 아트센터 마켓 등 모두가 상상을 초월한다. 이 모두가 당신의 모험을 기다리고 있거나, 혹은 당신은 이보다 더 다양한 멜버른을 발견할 수 있을지도 모른다.

교통 정보

◎ 트램(Tram)

노면 전차인 트램(Tram)은 멜버른 시내를 가장 편리하게 여행할 수 있는 교통수단이다. 노선은 다운타운에서부터 사방팔방으로 연결되어 있고, 대략 190개 정도의 정류장이 있다. 버스와 마찬가지로 한 차선에 여러 노선의 전차가 운행되며, 각기 다른 지역으로 가기 때문에 노선 및 번호를 잘 확인하도록 하자.

◎ 버스

트램과 상호 보완적 역할을 하는 버스는 멜버른 교외에 갈 때 가장 편리하게 이용할 수 있다. 탑승 후에 기사에게 티켓을 구매하고, 중간에 있는 문으로 하차하면 된다. 버스 정류장에는 별도의 이름이 없기 때문에, 기사에게 어디까지 간다고 목적지를 이야기해야 한다.

◎ 메트(The Met)

멜버른에서 여행할 때 "메트(The Met)" 카드를 구입하면 트램, 버스 및 기차 등을 모두 탈 수 있다. 요금은 다운타운에서 외곽을 세 구간으로 나누어 계산되며, 트램, 버스, 기차 등의 정류장에서 모두 구입 가능하다.

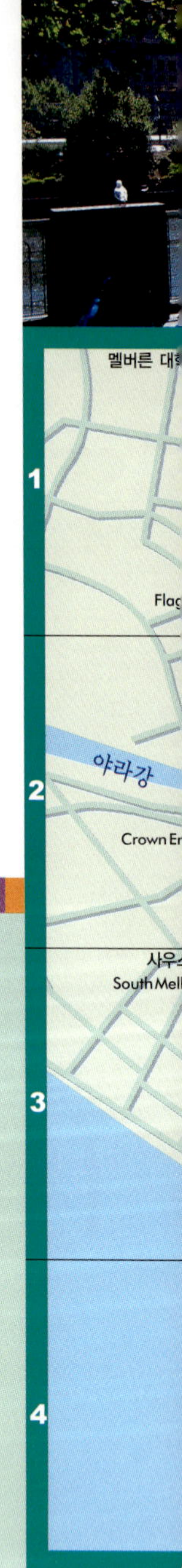

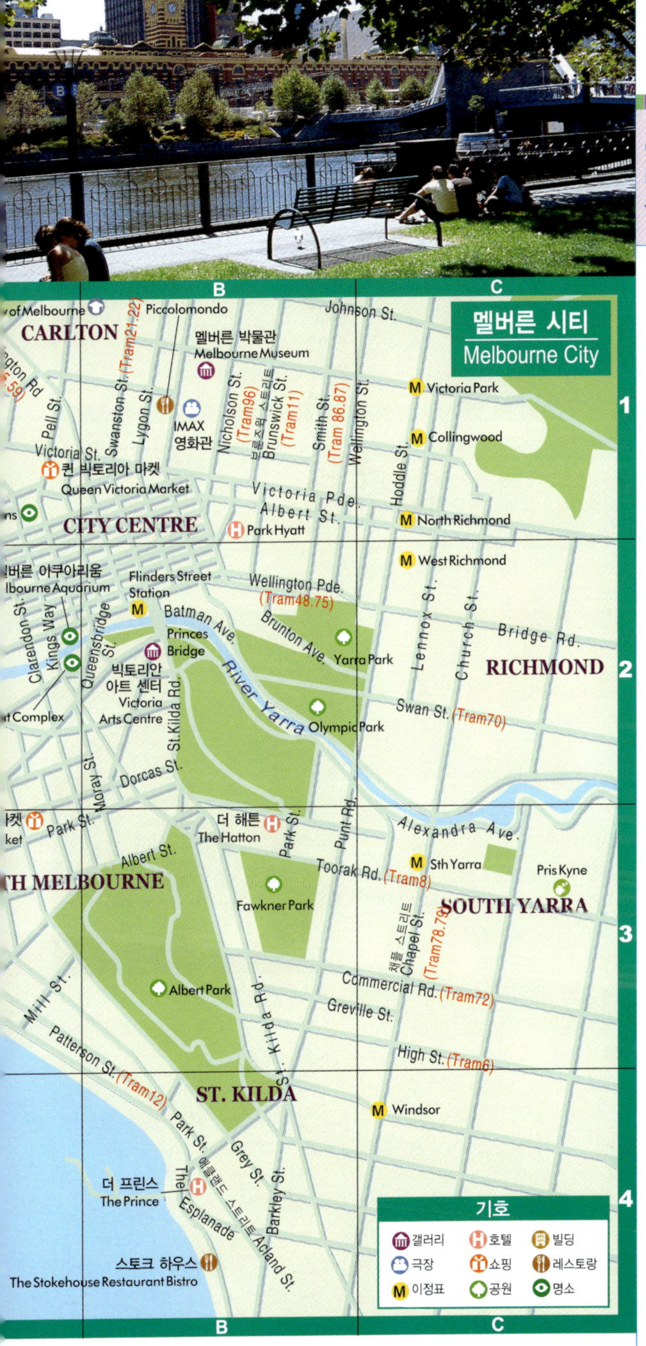
B
C
멜버른 시티
Melbourne City
1
2
3
4
y of Melbourne
CARLTON
Piccolomondo
Johnson St.
멜버른 박물관
Melbourne Museum
M Victoria Park
nton Rd
Tram21.22)
59)
Pell St.
Swanston St. (Tram21.22)
Lygon St.
Nicholson St. (Tram96)
브룬즈윅 스트리트
Brunswick St. (Tram11)
Smith St. (Tram 86.87)
Wellington St.
Hoddle St.
M Collingwood
IMAX
영화관
Victoria St.
퀸 빅토리아 마켓
Queen Victoria Market
Victoria Pde.
Albert St.
M North Richmond
CITY CENTRE
H Park Hyatt
M West Richmond
버른 아쿠아리움
lbourne Aquarium
Flinders Street
Station
Wellington Pde.
(Tram48.75)
Clarendon St.
Kings Way
Queensbridge St.
M
Batman Ave.
Princes Bridge
Brunton Ave.
Yarra Park
Lennox St.
Church St.
Bridge Rd.
RICHMOND
빅토리안
아트 센터
Victoria
Arts Centre
St. Kilda Rd.
River Yarra
Olympic Park
Swan St. (Tram70)
t Complex
Moray St.
Dorcas St.
켓
ket
Park St.
더 해튼
The Hatton H
Park St.
Punt Rd.
Alexandra Ave.
TH MELBOURNE
Albert St.
M Sth Yarra
Pris Kyne
Fawkner Park
Toorak Rd. (Tram8)
제플 스트리트
Chapel St. (Tram78.79)
SOUTH YARRA
Albert Park
Commercial Rd. (Tram72)
Greville St.
Mills St.
Patterson St. (Tram12)
St. Kilda Rd.
High St. (Tram6)
ST. KILDA
M Windsor
더 프린스
The Prince H
Park St.
The Esplanade
에클랜드 스트리트
Acland St.
Grey St.
Barkley St.
스토크 하우스
The Stokehouse Restaurant Bistro
기호
갤러리
H 호텔
빌딩
극장
쇼핑
레스토랑
M 이정표
공원
명소

기호

갤러리	호텔	빌딩
정류장	쇼핑	레스토랑
기차역	공원	

❶ Verve Boutique ❺ Block Arcade
❷ Alannah Hill
❸ Suga ❻ HOPETOUN
❹ LOVE IT

 명소

멜버른 박물관
Melbourne Museum

P97B1

11 Nicholson St.,
Carlton, Melbourne, 3053

61-3-8341-7777

10:00~17:00

성인 15달러, 어린이 8달러,
패밀리 티켓 35달러

www.melbourne.muse-
um.vic.gov.au

이곳은 교육과 오락을 합친 에듀테인먼트(Edutainment) 개념을 활용하여 현대적 디자인으로 지은 박물관으로, 채광이 우수하다. 박물관 내에 현재 개방되는 곳은 주로 "삼림관", "어린이 박물관", "과학과 생활관" 및 "원주민관" 등이다.

삼림관에서는 동식물을 근거리에서 관찰하면서, 대자연의 생태 순환의 이치를 배울 수 있다. 과학과 생활관에서는 시청각 시설을 통해 과학의 발전 과정, 과학이 생활에 미친 영향 등을 배울 수 있으며, 어린이 박물관에서는 어린이들이 다양한 색상과 각종 형식의 완구, 표본 등을 이용해서 직접적인 조작, 관찰 등을 통해 새로운 지식을 습득할 수 있도록 돕고 있다. 이곳에서는 어른, 아이 할 것 없이 모두 즐겁게 배울 수 있다.

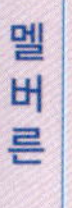

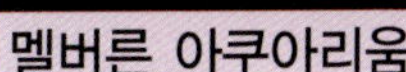

멜버른 아쿠아리움
Melbourne Aquarium

P96A2
Cnr King & Finder Street
Melbourne 3000
61-3-9620-0999
61-3-9923-5999
9:30~17:00
성인 26.50달러,
3세~15세 16달러,
패밀리 티켓 (성인 2, 어린이
3명)75달러
www.melbourneaquari-
um.com.au

멜버른 아쿠아리움(Melbourne Aquarium) 안에는 약 500여 종, 4,000마리 이상의 해양 생물이 살고 있다. 바다에서 온 귀한 손님들이 자기 집으로 돌아온 것 같은 느낌을 받을 수 있도록 매일 Port Phillip Bay에서 트럭으로 대량의 바닷물을 운반해 와서 물을 바꿔주고 있다. 이렇게 멜버른 아쿠아리움은 해양 생물들의 쾌적한 생활공간을 유지시켜 주기 위해 노력하고 있다.

아쿠아리움 내에는 각종 산호, 어패류 등을 대형 투명 유리 안에 넣어 호주 주변 해역의 특수 어류 등이 유유하게 노는 모습을 뚜렷하게 관찰할 수 있도록 하였고, 잠수부와 물고기 떼가 같이 수영하는 모습, 먹이 주는 모습도 볼 수 있다. 이것은 일반 시민에게도 개방하고 있으니 수족관 측에 신청하여 상어와 함께 수영해 보는 것도 즐거운 추억이 될 것이다.

조개류가 있는 구간에서는 가이드가 관람객들의 질문에 일일이 대답해주고 있으며, 직접 만져볼 수 있는 기회도 준다.

이밖에도 해저 세계에서는 다양한 전동 시뮬레이션 기기가 마련되어 있어 어류의 습성과 생태 환경 등에 대해 쉽게 이해할 수 있도록 돕고 있다. 가장 재미있는 것은 3D 해저 시뮬레이션 기계인데, 이는 당신을 물고기로 변신시키고, 어떻게 하면 위험에서 벗어날 수 있는지, 먹이는 어떻게 찾는지 등의 어류의 생활을 체험할 수 있도록 한다. 해저의 비밀을 파헤칠 수 있는 재미있는 기회이니 놓치지 말자.

애클랜드 스트리트
Acland Street

△ P97B4

애클랜드 스트리트(Acland Street)는 멜버른에서 아주 유명한 케이크 거리로 이곳에는 유태인 케이크, 동유럽 스타일의 디저트를 비롯하여, 호두 파이, 신선한 과일 푸딩, 치즈 케이크, 초콜릿 케이크 등 다양한 케이크가 있다. 또 카페가 적잖게 자리 잡고 있다. 이 거리에는 가장 오랜 역사를 자랑하고, 가장 사랑받는 유태인 케이크 가게인 Monarch Cake Shop이 있다.

Acland Street에는 레스토랑, 서점, 음반 매장, 부티크 및 작고 귀여운 선물 가게 등이 모여 있다. 건물 지붕의 다양한 색깔뿐만 아니라 자전거 타는 사람, 인라인 타는 사람, 노천카페에 앉아 한가롭게 커피를 마시고 있는 멋진 남녀 등이 이곳에 생기와 활력을 불어넣는다.

브룬즈윅 스트리트
Brunswick Street

△ P97B1

브룬즈윅 스트리트(Brubswick Street)는 멜버른에서 가장 개성 넘치는 거리이다. 강렬한 대비 색으로 과장되어 있는 다양한 숍, 길모퉁이에 우뚝 솟아 있는 조각상, 개성 넘치는 쇼윈도, 거리낌 없이 거리를 활보하는 히피족 등은 다른 곳에서는 감히 따라할 수도 없는 Brubswick Street만의 창의성을 돋보이게 한다. Brunswick Street는 이 모든 것이 한데 모여 보는 사람들을 깜짝 놀라게 하곤 한다.

이곳에는 중고 의류매장, 서점, 카페, 레스토랑, 신예 디자이너의 숍 등이 있으며, 저녁이면 라이브 바, 재즈 바, 라틴 스타일의 클럽 등이 속속 등장하면서 낮과는 사뭇 다른 화려함이 있다.

채플 스트리트
Chapel Street

△ P97C3

채플 스트리트(Chapel Street)는 현재 멜버른 유행통신의 시작이라는 점 외에도, 골동품, 갤러리 등이 집중되어 있는 거리이다. 유명 레스토랑, 카페 등도 많이 모여 있고, 거리 곳곳에서 더블B, 포르쉐, 페라리 등의 명차가 주차되어 있는 것을 쉽게 볼 수 있다. 멋진 남녀와 비싼 차들이 모여 있는, 그야말로 다른 사람을 구경하고, 나도 구경거리가 되는 곳이라고 할 수 있겠다.

이 거리에 있는 Caffe e Cucina는 멜버른에서 가장 좋은 카페로 손꼽히는데, 제대로 된 이탈리아식 커피와 아침 식사가 유명하다.

쇼핑

빅토리안 아트 센터 마켓
Victorian Arts Centre Market

 P97B2

 100 St. Kild Rd. Melbourne Victoria Australia 3004 야라 강변 및 아트 센터 앞에 위치.

 일요일 10:00~16:00

빅토리안 아트 센터는 야라 강변에 위치하며, 이곳은 멜버른에서 야경이 가장 아름다운 건축물이기도 하다. 휴일에는 이곳이 활기찬 시장으로 탈바꿈한다.

1984년에 개관한 빅토리안 아트 센터는 사람들의 시선을 끄는 외관 외에도 극장과 전시관에서 음악, 코미디, 오페라, 발레, 뮤지컬 등을 상연해왔다.

하지만 수많은 사람들이 빅토리안 아트 센터를 찾는 것은 단지 공연을 보기 위해서가 아니라 센터 옆에 있는 주말 시장 때문이다. 사실이 주말 시장이 아트 센터가 문전성시를 이루는 가장 큰 이유이기도 하다.

빅토리안 아트 센터 마켓(Victorian Arts Centre Market)은 사우스게이트 마켓(Southgate Market)과 이어져 있으며, 멜버른 시민들이 휴일이면 찾는 인기 장소이다. 마켓에서는 수작업으로 만든 나무 선반, 유리 촛대, 공예품, 각종 꽃, 화분 등을 판매하고 있으며, 만약 독특한 기념품 등을 구입하고 싶다면 이곳에서 구입해도 좋다. 이곳의 노점들은 대부분 멜버른 각지에서 온 공예가 또는 예술가들이 자신의 작품을 팔기 위해 개설된 것이기 때문에 창의적인 제품도 많을뿐더러 가격도 저렴하다. 제품 판매 외에도 마켓 옆에서는 때때로 거리 예술가들의 재미있는 공연이 열리기도 한다. 이것이 바로 Victorian Arts Centre Market에 많은 사람들이 모이는 이유이기도 하다.

스토크하우스
Stokehouse

P97B4
30 Jacka Boulevard, Saint Kilda Beach Melbourne 3182
61-3-9525-5555
61-3-9525-5291
점심 12:00~14:30,
저녁 18:00~22:30
www.stokehouse.com.au

세인트 킬다(St. Kilda) 해안에 위치한 스토크하우스(Stokehouse)는 2층으로 설계된 레스토랑이다. 1층인 다운스테어에는 떠들썩한 바가 있어 바다를 마주보며 맥주나 피자 등을 먹을 수 있다. 2층인 업스테어는 우아한 분위기로 창밖의 저녁놀을 보면서 와인을 곁들이며 식사를 즐기는 곳이다.

Stokehouse는 멜버른의 지역 신문이 선정한 우수 레스토랑이라는 명성 외에도, 태양, 석양, 백사장,

사르티
Sarti

6 Russell Pl. Melbourne
61-3-9639-7822

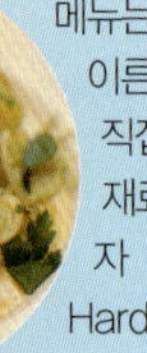

멜버른 다운타운에 위치한 사르티(Sarti)는 재봉점과 레스토랑을 결합한 복합 공간이다. 이곳의 메뉴는 매일 바뀌며, 매일 이른 아침에 주방장이 직접 당일 사용할 식재료들을 구입한다. 여자 주방장인 Kate Hardman의 조리를 거치면 각 재료들은 각자 지니고 있는 풍취를 모두 잘 살릴 수 있게 된다.

더튼
DUTTON

Level 2, 475-485 Finders Lane Melbourne, Victoria
61-3-9614-5255
www.dutton.com.au

자동차 대리점인 더튼(DUTTON)은 자동차 박물관이라고 말하는 것

카발리
Cavalli

161 Fitzroy Street, St. Kilda Victoria 3182
61-3-9537-0666
61-3-9537-0688

레스토랑 책임자인 Mr. Fonda Kourmadias는 자동차 판매와 식음료 업을 연계한 이유를 이렇게 말하고 있다. "일반적으로 고급 자동차 매장은 감히 범접할 수 없는 그런 분위기가 있어 가깝게 다가가기 어렵다. 보통 사람들이 더욱 가깝게 느낄 수 있도록 만들기 위해 카발리(Cavalli)의 영업을 개시하였다."

Cavalli는 개업 이래 지금까지 서로 다른 분야의 결합이 상호보완적 역할을 해왔다는 것을 증명해오고 있다. 하지만 식음료 분야가 소비자

야자나무 등의 아름다운 풍경으로 수많은 관광객들을 유혹하고 있다.

이곳에서는 세인트 킬다 해안과는 또 다른 면모를 엿볼 수 있다.

재봉점이라는 특수한 분위기가 마치 집에서 먹는 식사처럼 느끼도록 하고, 단순하지만 식재료 자체가 가진 원래의 맛을 잃지 않는 조리 기술 역시 집에서 먹는 것처럼 착각하게 만든다. 매일 9개의 메인 요리 중에서 선택할 수 있기 때문에 수많은 단골 고객들이 이곳을 찾는다.

이 나을 것이다. 이곳의 커피 바는 상당히 넓은 공간을 차지하고 있으며, 자동차를 구경하러 온 사람들이 앉아서 쉴 수 있도록 자리를 제공하고 있다.

1911년부터 책임자 Jeff Dutton의 조부는 자동차 수리업에 종사하였고, 1978년에야 지금의 장소에서 차를 판매하게 되었다. 커피 바는 1991년에 영업을 시작하였다. 가게 안에는 각종 고급 자동차와 중형차 외에도 골동 자동차, 관련 부품 등 소장품이 적지 않다. 진한 커피 향과 함께 하는 아침 식사는 잊을 수 없는 맛이기도 하다.

들에게 인식되는 데에는 비교적 긴 시간이 소요되었다. 가장 인기 있는 소갈비, 이탈리아 쌀 요리 등은 Cavalli의 대표 요리가 되었다. 휴일에 드라이브를 즐기는 사람들은 이곳에 와서 식사를 하면서 교류하는 것을 좋아한다. 밥을 먹으면서 그들이 꿈꾸는 자동차와 가깝게 있을 수 있다는 점이 많은 사람들이 이곳에 모이는 이유이기도 하다.

이자드 앳 애들피
Ezard at Adelphi

⌂187 Flinders La Melbourne, Victoria 3000

☎61-3-9639-6811

📠61-3-9639-6822

🕐월~수요일 12:00~15:00
월~토요일 18:00~22:30
목~금요일 12:00~

테쯔야's
Tetsuya's

⌂529 Kent St., Sydney 2000

☎61-2-9267-2900

📠61-2-9262-7099

🕐점심 금~토요일

🌐www.adelphi.com.au

Adelphi Hotel 지하에 위치하는 이자드 앳 애들피(Ezard at Adelphi)는 1999년 7월에 오픈한 이래 흠잡을 데 없는 서비스와 새로운 맛, 다양한 종류의 와인, 우아한 식사 공간 및 일본 스타일의 퓨전 요리 등으로 2001년 『멜버른 에이지 신문(Melbourne Age)』에 가

저녁 화~토요일(예약 필수)

테쯔야's(Tetsuya's) 레스토랑의 주인인 와쿠다 테쯔야(Wakuda Tetsuya)는 22세 때 일본을 떠나 호주로 온 후 본격적인 요리 인생을 시작하였다. 해외 매체 중의 하나는 "만약 인생에서 꼭 먹어야 할

도노반스
Donovans

⌂40 Jacka Bvd., St. Kilta 3182

☎61-3-9534-8221

🕐12:00~22:30

도노반스(Donovans)는 세인트 킬다 해안에 위치하며, 동화 속에 등장하는 귀여운 집처럼 생겼다.

장 뛰어난 뉴-레스토랑으로 선정되었다.

실내 인테리어는 차가운 분위기를 풍기지만, 모던한 장식을 사용하여 전체적으로 깨끗하고 정돈된 느낌을 주고 있으며 화장실마저 매우 멋지게 꾸며져 있다. Ezard에서 식사를 할 때에는 감각기관과 요리, 환경 등이 긴밀하게 연

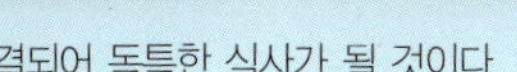

결되어 독특한 식사가 될 것이다.

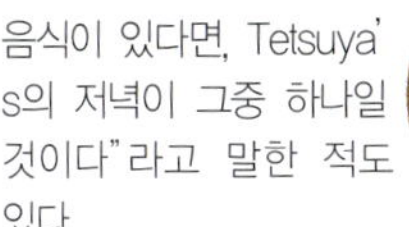

음식이 있다면, Tetsuya's의 저녁이 그중 하나일 것이다"라고 말한 적도 있다.

이곳의 메뉴는 두 종류밖에 없는데, 8종 세트나 12종 세트메뉴 중에서 선택해야 한다. 요리가 나오는

순서에는 규칙이 있으며, 전후 요리가 서로 연결된다. 여기에 술을 추가하면 그야말로 완벽한 조합이라고 할 수 있다. 『시드니 모닝포스트』의 레스토랑 가이드 3개 부분에서 최고의 평가를 받았다.

야라 강변의 사우스게이트 마켓 2층에 위치한 수쿠사 미(Sucusa mi)는 개방형 공간과 정교한 모던 이탈리아 스타일 요리, 다양한 종류의 와인 등을 선보이고 있다. 한 여름에 이곳에서 식사를 하면 마치 울창한 숲에 와 있는 듯 청량하고 상쾌한 느낌을 받게 될 것이다.

주방장 Simon Humble은 북이탈리아 스타일의 요리를 주로 하고 있으나, 새로운 요리를 개발하기 위해 매년 요리사들을 이탈리아로 유학 보내 정통 이탈리아 요리를 배우도록 하고 있다. 이탈리아 쌀만을 사용하는 등 아주 세심한 부분까지 신경을 쓰고 있다.

수쿠사 미
Sucusa mi

🏠 Mid Level, Southgate, Southbank 3006 Victoria
☎ 61-3-9699-4111
📠 61-3-9699-9280

실내에는 다양한 컬러의 쿠션, 가구, 소품 등을 사용하여 전체적인 레스토랑 분위기가 발랄하고 밝은 느낌을 풍긴다.

식사 환경이 쾌적하다는 것 외에도, 이곳의 해산물 요리는 매우 유명하다. 2001년 『레스토랑 가이드』에서 가장 우수하다

는 평가를 얻었을 뿐만 아니라, 특별상도 수상하면서 이 분야에서의 그들의 노력이 인정받고 있다.

이곳은 넓은 공간과 바다와 마주보는 전망 등이 사람들로 하여금 답답한 느낌을 받게 하지 않는다. 좌석을 마음대로 선택할 수 있기 때문에 개인의 취향과 인원수에 따라 결정하면 된다.

더 프린스 The Prince

P97B4
2 Acland St., St. Kilda Victoria 3182
61-3-9536-1111
61-3-9536-1100
200~550달러
www.theprince.com.au

The Prince는 국제적으로 지명도가 있는 여행 잡지인 『Conde Nast Traveller』에서 선정한 21세기 최고의 인기 호텔이며, 특별한 개성을 지닌 40개의 객실 외에도 호주 최대 규모의 스파(Aurora Spa Retreat), 해수 수영장, 레스토랑(Circa), 보드카 바(Vodka Bar), 와인 스토어(Wine Store) 등이 많은 관광객들을 유혹하고 있다. 가구, 장식품, 컬러 등이 서로 조화롭게 배치되어 있으며, 장소에 따라 어느 곳은 차분하고, 어느 곳은 거친 느낌으로 인테리어 되어 있어 다양한 면모를 자랑하고 있다.

객실 구역은 붉은 조명과 검은색의 카운터, 복도 등으로 이국적인 분위기가 물씬 풍기고, 때로는 높게, 때로는 낮게, 오른쪽, 왼쪽으로 홀연히 나타나는 복도 역시 사람들에게 방향을 잃게 하기 쉽다. 하지만 일단 객실 문을 여는 그 순간, 모든 불안은 사라지고, 햇빛이 가득 들어오는 방안에 몸을 뉘일 수 있는 소파, 크고 편안한 침대, 깨끗하고 밝은 목욕 시설 등은 선물을 받는 것 같은 행복을 느끼게 한다.

객실은 원하는 대로 자기가 좋아하는 색깔을 선택할 수 있다. 여행이라는 것이 날마다 유쾌한 것은 아니지만 적어도 좋은 호텔을 선택하면 힘든 여행도 기분만은 행복해질 것이다.

호텔 린드럼 Hotel Lindrum

 P98B2
 26 Flinders St., Melbourne,
  Victoria 3000
 61-3-9668-1111
 61-3-9668-1199   225~485달러
 www.hotellindrum.com.au

 호텔에 들어갔는데 체크인을 할 수 있는 카운터를 찾기 어렵다는 것은 상상도 안 될 것이다. 잘못 들어간 것이 아니니 걱정하지 말고, 입구에 있는 카운터가 보이면 그곳에 가서 체크인을 하자. 커피나 영국 홍차를 마시면서 숨을 돌린 다음, 체크인 수속을 하면 된다. 이는 Hotel Lindrum이 손님들에게 제공하는 서비스이다.

 Hotel Lindrum은 오픈한 지 얼마 되지 않은 새 호텔이지만, 그 건축물은 백년 역사를 지니고 있다. 처음에는 찻집이었다가, 무도장, 인쇄 공장 등을 거쳐 지금의 호텔이 되었다. 객실 안의 아치형 창문 사이로 햇빛이 들어오면 이곳이 100년 역사의 건축물이라는 것을 발견하게 될지도 모른다. 호텔의 전체 색상은 통일되어 있다. 찻잎 색, 회색, 검은 색 등의 진한 색을 기본으로 하고, 인테리어는 심플하고 밝게 되어있다. 호텔 내에는 고급 시청각 시설을 비롯하여 밖으로 나가지 않아도 될 만큼의 모든 편의시설이 다 갖춰져 있으며, 1층의 레스토랑, 바, 영국식 무도장(Ballroom) 등도 훌륭한 선택이 될 것이다.

더 해튼 호텔 The Hatton Hotel

 P97B3
 65 Park St., South Yarra, 3141, Melbourne
 61-3-9868-4800
 61-3-9868-4899
 195~300달러
 www.hatton.com.au

 호텔 입구에 들어서면 일본풍의 정원을 볼 수 있다. 중국, 인도, 아시아 각지의 고풍적인 가구와 장식품 등으로 꾸며진 오리엔탈 스타일의 객실이 이 호텔의 매력이다. The Hatton Hotel의 사장은 동양문화에 상당히 심취하여 있고, 총지배인인 Nick Hatton씨도 중국에 유학을 다녀온 적이 있다고 한다.

 이곳에는 20개의 객실만이 있으며, 일반 룸은 없다. 모든 객실이 섬세한 설계에 의해 서로 다르게 디자인 되어 있다. Hatton씨는 1902년에 지어진 이 건물을 15년 전에 샀으며, 정부에 의해 2급 유적지 건물로 지정되었다고 한다. 개축을 통해 2003년 3월에야 오늘날의 The Hatton Hotel의 모습을 갖추게 되었다.

 호텔 안에는 레스토랑이 없지만, 조식은 제공하고 있다. Hatton씨는 호텔 인근에 훌륭한 레스토랑이 많이 있기 때문에 호텔 내에 레스토랑을 설치하지 않았다고 설명하고 있다. 호텔과 가까운 레스토랑에 가면 현지 주민들의 생활과 멜버른을 더욱 가깝게 느낄 수 있다. 옥상의 카페는 오랫동안 책을 읽는다거나 명상을 하기에도 훌륭한 장소이다.

Carlton Crest Melbourne Hotel
 66 Queens Rd., Melbourne
 61-3-9529-4300
 61-3-9521-3111
 115~300달러
 www.carltonhotels.com.au/
 melbourne

Batman's Hill HTL Melbourne
 P98B2
 623 Collins St., Melbourne,
 Victoria 3000
 61-3-9614-6344
 61-3-9614-1189
 115~255달러
 www.batmanshill.com.au

Ramada Melbourne
 P98A2
 270 Flinders St., Melbourne
 61-3-9654-6888
 61-3-9654-0368
 135~235달러

Mercure Grand Hotel on Swanston

P98A1
195 Swanston St., Melbourne
61-3-9663-4711
61-3-9663-7447
165~285달러
www.mercuregrandon-swanston.com.au

Hilton On The Park

192 Wellington Parade, Melbourne
61-3-9419-2000
61-3-9419-2001
190~290달러
www.melbourne.hilton.com

Crown Tower Melbourne

8 Whiteman St., Southbank 3006, Melbourne
61-3-9292-6666
61-3-9292-6600
345~635달러
www.crowntowers.com.au

AQUADUCK
SPEED LIMIT 6 KNOTS

퀸즐랜드

케언스

Cairns

적도와 가까운 곳에 위치한 케언스(Cairns)는 모험의 도시라고도 불린다. 5성급 호텔이 즐비하며, 도로도 상당히 넓고 잘 정리되어 있지만, 이 도시는 일반 관광객들에게 익숙한 현대적 도시와는 사뭇 다르다. 이곳의 교외는 세계에서 가장 오래된 열대 우림이며, 바다는 세계 최대의 산호초 지역인 그레이트 배리어 리프이다. 이곳에 오는 사람들 대부분은 열대 우림지역 또는 해저 탐험을 기대한다. 케언스는 호주 원주민 문화권에 속하며, 그 중에서도 애서턴 고원 위에 있는 쿠란다는 원주민 마을로 유명하다. 세계에게 가장 긴 케이블카 스카이 레일(Sky Rail)은 차푸카이 원주민 문화센터와 이웃하고 있기 때문에 관광객 필수 코스이다.

교통 정보

◎ 케언스 공항에서 다운타운까지

8~10분이면 도착하며, 공항버스(Airport Shuttle Bus)를 타면 된다.

◎ 버스

케언스 행 시외버스는 모두 트리니티 부두 버스터미널(Trinity Wharf Bus Terminal)에서 정차한다. 그 옆에는 크루즈 선착장이 있다.

◎ 기차

브리즈번에서 케언스까지 가는 기차로는 The Sunlander와 The Queenslander가 있다. 종착역은 Mcleod Street에 있는 기차역이다. 기차역에서 도보로 10분이면 케언스 시티 광장(City Place)에 도착하고, 해변 광장에도 10분이면 도착할 수 있다.

◎ 시내 교통

말린 코스트 썬 버스(Marlin Coast Sun Bus)는 정시 버스 서비스를 제공한다. 비치 버스(Beach Bus)는 케언스에서 트리니티 비치(Trinity Beach)와 팜 코브(Palm Cove)등의 해변 사이를 왕복한다. 케언스 레드 익스플로러(Cairns Red Explorer)는 하루 동안에 수시로 탑승, 하차할 수 있는 전문 서비스를 제공하고 있다. 성인 티켓은 20달러, 어린이는 10달러이다.

케언스
Cairns

명소

케언스 시티
Cairns City

P113B2

케언스는 그레이트 배리어 리프, 열대우림 투어, 바다낚시, 고래구경, 열기구, 요트, 승마, 사륜 바이크 (ATV) 탐험 등으로 떠나기 위해 들르는 여행의 집산지(集散地) 같은 곳이다. 수많은 여행 패키지가 이곳에서 출발하며, 관광객들은 이곳에서 잠깐 쉬면서, 각종 투어 프로그램에 필요한 것을 챙기곤 한다. 대로변에는 여러 여행사들이 도처에 흩어져 있다.

케언스 시내에는 관광 명소는 많지 않지만, 주요 도로인 해안 도로 에스플러네이드(Esplanade)에는 많은 레스토랑, 숙소, 기념품점 등이 있고, 호텔과 카지노들이 빼곡하다. 시내는 야자나무들로 둘러싸여 있고, 참신한 디자인의 매장과 레스토랑 등은 현대화된 도시 분위기와 어울려 그레이트 배리어 리프 등의 자연 풍광과 서로 비교된다.

차푸카이 원주민 문화 공원

Tjapukai Aboriginal Cultrue Park

P113B2

Kamerunga Rd.,
Caraavonica Lakes

61-7-4042-9900

61-7-4042-9988

9:00~17:00

성인 24달러, 어린이 12달러.
케언스 시내에서 이곳으로 연
결되는 차비+입장권 티켓 성
인 36달러, 어린이 18달러.

www.tjapukai.com.au

'차푸카이'는 열대우림의 아들이
라는 뜻이며, 이 문화 공원은 차푸
카이 원주민들이 직접 경영, 관리하
고 있다. 모든 전시 내용은 원주민
들의 심사 및 비준을 거친 것이며,
진정한 차푸카이 문화를 사람들에
게 알리고, 또한 그에 따른 이익도
원주민들이 가질 수 있도록 하였다.
공원은 5개의 지역으로 나뉜다.

매직 스페이스 Magic Space

멀티미디어 전시관. 차푸카이 부족
이 사용한 석기 용품이나 위대한
예술가들이 그린 대형 벽화 등을
볼 수 있다.

창세 극장 Creation Theatre

1일 5회 상영(9:45,
11:45, 1:45, 2:15,
3:45). 차푸카이 전
통 신앙 및 문화에
관한 다큐멘터리를 방
영한다. 다큐멘터리는 이
미 사라진 차푸카이 원주민어로 기
록되어 있어, 관광객들은 오디오 가
이드에서 언어를 선택하여 그 내용
을 들을 수 있다.

역사 극장
The History Theatre

하루에 10번 상영(매시 15분,
3:45, 4:40). 각 상영 시간은 20

분이다.

호주 원주민들이 현대 문명의 침
입을 받게 된 이후, 작금의 원주민
의 역사, 현황 및 미래에 대한 기대
등을 그리고 있다.

차푸카이 댄스 극장
Tjapukai Dance Theatre

하루에 4번 공연(10:45,
12:45, 2:45, 4:15). 각
공연 시간은 25분
이다. 천막으로 지
붕을 덮은 야외극

장에서 차푸카이 전통춤을 공연한다. 생동감 있는 공연을 통해 관광객들은 차푸카이 민족의 오랜 축하 의식을 직접 감상할 수 있다.

전통 캠프
A Traditional Camp

9:30~17:00 사이에 언제든지 관람 가능하다. 관광객들과 원주민이 같이 부메랑을 던지고, 디쥬리두를 불거나, 나무를 비벼 불을 붙여보기도 한다. 문물 전시 및 공연 외에도 아트센터에는 진정한 원주민 예술가들이 디자인한 독특한 작품들도 많이 있으니 한번 둘러볼 가치가 있다.

호주 원주민 특유의 악기인 디쥬리두(Didgeridoo), 사냥 도구인 부메랑 등은 종류가 다양하며, 도안 역시 진정한 원주민 스타일을 표현하고 있다. 그 외에도 머그, 티셔츠, 찻잔 받침, 엽서, 원주민 관련 서적 등 다양한 기념제품이 있다.

스카이 레일
Skyrail

- P113B2
- PO Box 888 Smithfield, Queensland 4878
- 61-7-4038-1555(만차가 되는 경우가 많기 때문에 사전 예약 필수)
- 61-7-4038-1888
- 8:00~17:00
- www.skyrail.com.au
- 왕복 성인 42달러, 어린이 21달러.
  편도 성인 27달러, 어린이 13.5달러.

스카이 레일(Skyrail)은 전 세계에서 가장 긴 케이블카로, 전 구간에는 4개의 역이 있다. 중간에 내려 쉬지 않고 바로 간다고 해도 40분 정도의 탑승 시간이 소요된다. 케이블카는 지구에서 가장 오래된 열대 우림지역(Wet Tropical Rainforest)에 설치되어 있으며, 공사를 시작한 지 1년 만에 완공되었다.

길이 7.5km의 스카이 레일에는 32개의 탑대가 있는데, 그중 40.5m 높이의 6번 탑대가 가장 높다. 케이블카 최고점인 레드 피크역 (Red Peak Station)은 해발고도 545m 높이에 위치한다.

스카이 레일을 타면 케언스 시내 전경을 모두 내려다볼 수 있을 뿐만 아니라, 날씨가 맑을 경우에는 산호섬까지도 볼 수 있다.

카라보니카 터미널
Caravonica Terminal

스카이 레일의 출발점이다. 스카이 레일 기념품점에서는 각종 기념품 및 책 등을 판매하고 있다. 이외에도 스카이 레일은 호주 CSIRO의 열대우림 보호운동을 위한 연구를 찬조하기 위해 열대 생태 기금 (TropEco)을 설립하였고, TropEco 스티커가 붙어 있는 물건을 사면 그 수익금은 열대 생태 연구를 위한 기금으로 사용된다.

레드 피크 역
Red Peakc Station

스카이 레일의 가장 높은 곳으로, 열대 우림 지역의 심장부이기도 하다. 정거장 근처에는 등산로가 완벽하게 깔려 있으며, 무료 영어 가이드 투어

서비스도 제공된다. 50명 이상의 단체는 자국어 가이드 투어 서비스를 제공받을 수 있는지 미리 확인할 수 있고, 50명 이하의 경우에는 수수료를 받는다.

바론 폭포 역
Barron Falls Station

바론 강은 케언스 인근에 있는 가장 크고 중요한 하천이며, 280m 낙차의 바론 폭포가 이곳에 있다. 평상시에는 이를 이용하여 수력발전에 사용하기 때문에 물 흐름이 거의 일정하지만, 우기에는 급속히 늘어나 장관을 연출한다. 바론 폭포 역 옆에는 3개의 전망대가 있으며, 이곳에서 바론 강, 협곡 및 폭포 등을 조망할 수 있다.

쿠란다 터미널
Kuranda Termanal

스카이 레일의 종착역은 쿠란다 마을의 중심부와 약 400m의 거리에 있다. 10:00~14:00 사이에는 무료 셔틀 버스가 있으니 편하게 이용하면 된다.

쿠란다
Kuranda

 P113A2

 열대 우림 속의 작은 마을로, 애서턴 고원 위에 위치한다. 고산 기차를 타거나, 또는 세계에서 가장 긴 케이블카인 스카이 레일을 타고 이곳에 갈 수 있다.

 쿠란다(Kuranda)는 인구 500명의 작은 마을로 기차역에서 나오면 바로 보이는 큰 길이 마을의 유일한 도로이다. 이 도로를 따라 관광객을 상대하는 레스토랑, 기념품점 등이 줄서있다.

 주요 관광 명소로는 원주민 예술품 마켓과 전 세계에서 가장 큰 나비 보호구역이 있다. 쿠란다로 가는 길은 기차를 타든 스카이 레일을

우림 생물 서식 공원
Rainfprest Habitat

 P113A1

 Port Douglas Road, QLD 4871

 61-7-4099-3235

 61-7-4099-3100

 8:00~17:30
 마지막 입장 시간 16:30

 성인 16달러, 어린이 8달러.

타고 가든 간에 모두 잊기 힘든 아름다운 풍경을 보여 준다.

나비보호 구역
Butterfly Sanctuary

🏠8 Rob Veivers Drive
📞61-7-4093-7575
📠61-7-4093-8923
🕐9:00~16:00

💲성인 10.50달러,
　어린이 5달러

🌐www.australianbutterflies.com

　나비 보호구역(Butterfly Sanctuary)은 세계에서 규모가 가장 크며, 매우 희귀한 품종인 율리시스(Ulysses), 케언스 버드윙(Cairns Birdwing) 등이 이곳에 있다.

　새들과 함께 하는 아침식사 8:00~11:00, 성인 30달러, 어린이 15달러(아침식사와 입상료 포함)

　인공적인 방식으로 열대 우림 환경에 아주 근접하게 만들었으며, 공원 안에는 140여 종의 생물들이 서식하고 있다. 이곳에는 민물 악어, 코알라, 희귀 보호 조류인 카소와리(Cassowary) 등이 있다. 또한 각종 무늬의 열대 조류들과 함께 아침식사도 할 수 있다.

　우림 생물 서식 공원(Rainforest Habitat)은 3개의 지역으로 나뉘는데, 코알라와 습지 생물 지역에서는 코알라뿐만 아니라 수많은 물새들도 볼 수 있다.

　우림 조류 지역은 이 공원 중에서 가장 멋진 곳이며, 70여 종의 새들이 그 안에서 서식하고 있다. 아주 가까운 거리에서 그들의 깃털까지 관찰 할 수 있다. 캥거루 지역과 악어 연못에는 온순하고 귀여운 캥거루와 새끼 캥거루(Wallaby)들이 숲 속에서 뛰놀고 있고, 민물 악어와 바다 악어는 연못 안에 엎드려 있다. 그중에는 온순한 것도 있고 포악한 것도 있다.

　케언스는 자연 그대로의 모습을 보여 주고자 하기 때문에 서식 공원이 너무 견본 같은 느낌이 들 수 있으나, 시간의 제약이 있는 관광객에게는 단기간 내에 수많은 새와 동물을 같이 볼 수 있는 즐거운 여행이 될 것이다.

H 숙소

Queens Court Hotel Cairns

⌂ 167–171 Sheridan St., Cairns QLD 4870
☎ 61-7-4051-7722
💲 120~180달러
🌐 www.queenscourt.com.au

Lakes Cairns Resort and Spa

⌂ 2 Greenslope St., Cairns North QLD 4870
☎ 61-7-4053-9400
📠 61-7-4053-9401
💲 260~365달러
🌐 www.thelakescairns.com.au

Bay Village Tropical Retreat Cairns

⌂ 227–231 Lake St., Cairns QLD 4870
☎ 61-7-4051-4622
📠 61-7-4051-4057
💲 145~315달러
🌐 www.bayvillage.com.au

Mercure Hotel Harbourside Cairns

⌂ 209–217 The Esplanade, Cairns QLD 4870
☎ 61-7-4051-8999
📠 61-7-4051-0317
💲 134~229달러
🌐 www.mercureharbourside.com.au

Kewarra Beach Resort Cairns

⌂ Kewarra St., Kewarra Beach, Cairns QLD 4870
☎ 61-7-4057-6666
📠 61-7-4057-7525
💲 217~625달러
🌐 www.kewarra.com

Outrigger Beach Club & Spa Cairns

⌂ 123 Williams Esplanade, Palm Cove, QLD 4879
☎ 61-7-4059-9200
📠 61-7-4059-9222
💲 266~960달러
🌐 www.outrigger.com

브리즈번

Brisbane

ㅂ 리즈번(Brisbane)은 퀸즐랜드의 주도(州都)이며, 호주에서 세 번째로 큰 도시이다. 시내에는 관광 명소가 많지 않아서 관광지화 되지 않았기 때문에 소란스럽지 않고 매우 여유롭다. 하지만 브리즈번은 골드 코스트와 선샤인 코스트로 들어가는 입구이며, 교외에 있는 론파인 코알라 보호구역은 호주에서 코알라가 가장 많이 있기 때문에 많은 관광객들이 브리즈번을 찾고 있다.

교통 정보

◎ 버스

브리즈번 국제공항은 다운타운과 약 13km 떨어져 있으며, 버스를 타면 30분 정도가 소요된다. 편도 요금은 6.5달러이고, 5:45~20:30까지 매 30분마다 버스가 있다.

◎ 택시

택시를 타고 다운타운에 가면 차비는 약 20달러 정도이며, 시간은 20분 정도가 소요된다.

◎ 시내 교통

호주의 택시는 미터기에 따라 요금을 받는다. 기본요금은 2달러이다. 공공장소의 밖에는 모두 택시 정류장이 있고, 거리에서도 물론 탈 수 있다. 빈차는 택시 위에 불이 켜진다. 호텔에서는 직원들에게 요청하면 택시를 불러주지만, 벨 보이나 서비스를 제공한 직원에게는 팁을 줘야 한다.

명소

사우스 뱅크 파크랜드
South Bank Parklands

⚙ P122A4
⌂ 브리즈번 강 남쪽
☎ 61-7-3867-2051

사우스 뱅크 파크랜드(South Bank Parkland)는 1988년에 엑스포가 열렸던 장소였다. 엑스포가 끝난 후에 시정부는 이곳을 아파트 단지로 개축하려 했으나, 시민들의 반대에 부딪혀 강에 인접한 공원으로 조성되었다. 음료, 식사 및 주차비 외에는 모두 무료이기 때문에 시민들의 휴식 공간으로 많은 사랑을 받고 있다.

넓은 풀밭과 나무숲 외에도 바닷물을 끌어당겨 만든 인공 비치가 있으며, 근처에는 바비큐를 할 수 있는 곳도 있어 많은 가족들이 이곳에 와서 즐거운 시간을 보낸다. 주말에는 시장도 열리기 때문에 작고 귀여운 수공예품을 파는 노점에서 마음에 드는 물건을 발견할 수도 있다. 시장이 열렸을 때의 공원은 여느 때보다 사람들의 발길이 끊이지 않는다.

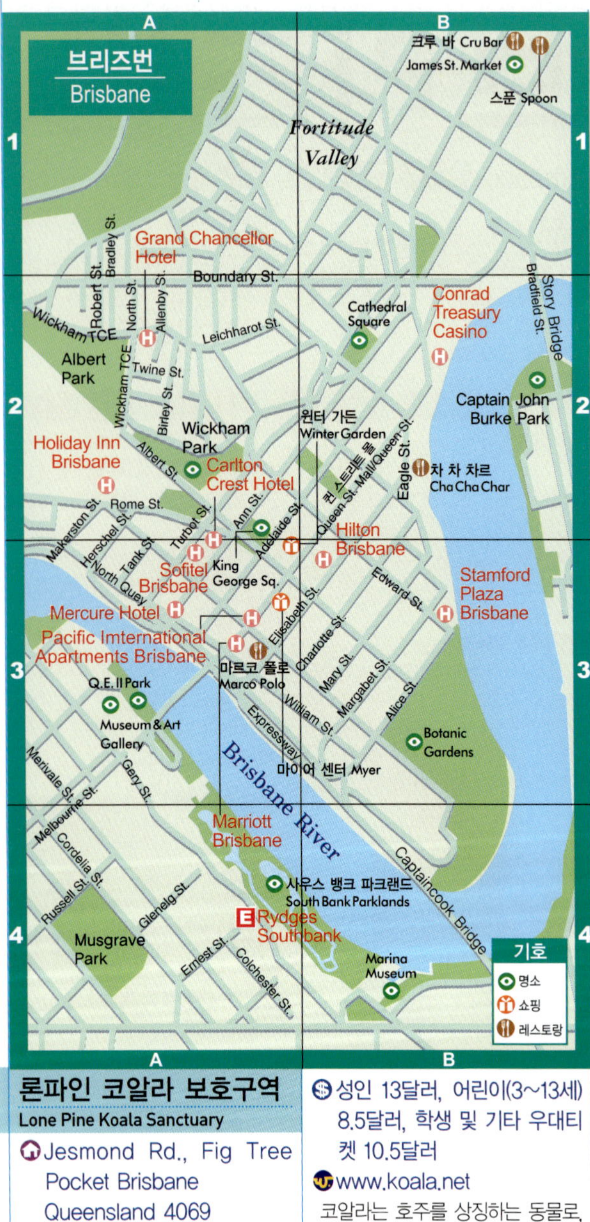

론파인 코알라 보호구역
Lone Pine Koala Sanctuary

Jesmond Rd., Fig Tree Pocket Brisbane Queensland 4069

61-7-3378-1366

61-7-3878-1770

7:30~17:00.
코알라 먹이 먹는 시간
월~금요일 15:00,
토요일, 일요일 9:00

성인 13달러, 어린이(3~13세) 8.5달러, 학생 및 기타 우대티켓 10.5달러

www.koala.net

코알라는 호주를 상징하는 동물로, 크고 작은 놀이공원들이 모두 코알라를 이용하여 손님들을 끌어 모으고 있다. 1927년에 설립된 론파인 코알라 보호구역(Lone Pine Koala Sanctuary)은 호주 최초의 코알라 보호구역일 뿐만 아니라, 수량, 면

쿠사 마운틴
Mt. Coot-tha

🏠 다운타운에서 론파인 코알라 보호구역으로 가는 도중에 있음.

💲 61-7-3369-9922

⏰ 8:00~17:30

💲 무료

브리즈번 근교에 위치한 해발 고도 323m의 쿠사 마운틴(Mt. Coot-tha)은 브리즈번을 조망하기에 좋은 곳이다. 산 위에는 레스토랑과 LUTA 카페가 있다. 시야가 탁 트인 야외 테이블에 앉아서 음료나 샌드위치를 먹으면서 브리즈번의 소박함 속에 숨어 있는 아름다운 자연 경관을 감상해보자.

적에서도 최대 규모를 자랑하고 있다. 현재 론파인에는 130마리의 코알라가 있으며, 관광객들은 코알라를 안고 사진을 찍을 수 있다.

코알라 외에도 이곳에는 반개방식의 야생 동물원이 있으며, 동물원에는 80여 종류의 호주 특유의 동물들이 있다. 이러한 이유로 론파인은 관광객들이 브리즈번으로 오면 반드시 가는 관광 명소가 되었다.

🎁 쇼핑

옥스팸
Oxfam

🧭 P122A3

🏠 91 Queen Street Brisbane, 마이어 센터(Myer Centre)에 위치.

🌐 www.oxfam.org.au

옥스팸(Oxfam)에서 파는 물건은 모두 전 세계의 공익활동을 위한 바자용품이다. 이곳에서 일하는 사람들도 자원 봉사하는 청년들이 대부분이다. 판매하는 물품들은 세계 각지에서 가져온 것이기 때문에 그들만의 전통적인 스타일이 스며들어 있다. 이곳에 있는 제품들로는 각국의 작은 악기, 가구, 장식품, 세계 각지의 음악 CD 등이 있다.

마이어 센터
Myer Centre

🧭 P122A3

🏠 91 Queen St., Brisbane

🕐 월~목요일 9:00~17:30,
금요일 9:00~21:00,
토요일 9:00~17:00,
일요일 10:00~17:00

🌐 www.myercentreadelaideshopping.com.au

마이어 센터(Myer Centre)는 브리즈번 다운타운에서 가장 번화한 백화점이라 할 수 있다. 다운타운에 백화점이 많지는 않지만, 꼭 있어야할 것들뿐만 아니라 수많은 매장들이 이 건물에 입점해 있다. 대부분은 옷을 파는 매장이지만, 특이한 매장들도 구석구석에 숨어 있으니 한번 둘러볼 만 하다.

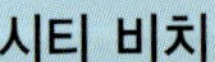

시티 비치
City Beach

🏠 214 Margaret St. Brisbane

🌐 www.citybeachsurf.com.au

호주 사람들은 해변을 아주 좋아한다. 해변에 가지는 않더라도 몸과 옷차림 등에서는 이미 해변과 함께 있는 경우가 많다. 시티 비치(City Beach)에서는 이러한 사람들을 위해 해변에 가지 않더라도 해변에서 입을 만한 바지, 티셔츠, 슬리퍼 등을 판매하고 있다. 이곳의 옷들은 머스트 해브 아이템이 되었다. 매장 내에는 여성 의류가 많은 편이며, 각 연령대별로 옷들이 구비되어 있다.

퀸 스트리트 몰
Queen Street Mall

⚠ P122B2

🌐 www.queenstreetmall.
com.au

웅장하고 위엄 있는 퀸 스트리트 몰(Queen Street Mall)은 브리즈번 시내에 있는 쇼핑센터이다. 길을 따라 걸으면 처음부터 끝까지 30분이면 지나갈 수 있지만, 개성있는 매장들이 있어서 그냥 지나치기에는 매우 아쉽다. 각종 의류, 생활용품, 음식, 가전을 비롯하여 레스토랑, 유흥 시설, 대형 몰 등 500여 개의

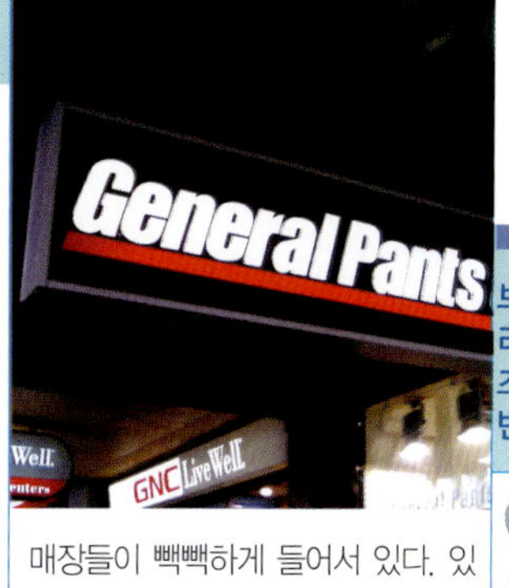

매장들이 빽빽하게 들어서 있다. 있어야 할 것은 다 있고, 독특한 매장들도 많다.

윈터 가든 쇼핑센터
Winter garden

⚠ P122A3

🏠 171-209 Queen Street, Brisbane

☎ 61-7-3229-9755

🌐 www.wgarden.com.au/ flashintro.htm

윈터 가든 쇼핑센터(Winter Gardin)는 Queen St에 위치해있다. 이 쇼핑센터에 있는 매장 중에 Industrie와 Mambo, 두 곳을 추천한다. Industrie는 윈터 가든 2층에 있으며, 짙은 색의 나무와 깨끗한 흰 벽이 모던한 느낌을 준다. 이 브

랜드는 호주에서 최근 급부상하고 있는 남성 의류 브랜드이다. 정장 의류는 심플하면서도 과장되지 않은 디자인으로, 입었을 때 더욱 개성이 돋보인다. 여가 시간에 입을 캐주얼 의류는 편안하면서도 가격이 적당하여 인기가 많다.

Mambo는 호주 본토 브랜드이며, 처음에는 서핑 의류로 시작하여 지금은 젊은이들이 가장 좋아하는 브랜드 중의 하나가 되었다. 특히 색채가 대담하며, 만화 캐릭터가 그려진 티셔츠 등에는 비유, 풍자적 내용이 많다. 기타 상품에는 선글라스, 시계, 가죽제품, 배낭 등이 있다.

식당

몬도 오르가닉스
Mondo Organics

166 Hardgrave Rd.,
West End
61-7-3844-1132
www.mondo-organics.
com.au

유기농 식품만을 취급하는 이탈리아 식당이다. 나무로 된 외벽에는 플래시 라이트를 설치하였고, 야외 좌석 옆에는 돌로 만든 작은 폭포도 있다. 흔히 볼 수 있는 유기농 빵, 야채, 고기류 외에 이곳에서 판매하는 와인도 모두 유기농이다. 메뉴판에는 wheat free(밀가루 없음), dairy free(유제품 없음), vegetarian(채식) 등을 세심하게 표기하였다.

마르코 폴로
Marco Polo

P122A3
William & George Street,
Brisbane
61-7-3306-8744
Treasury 호텔 안에 위치한 마르코 폴로(Marco Polo)는 브리즈번의

5성급 레스토랑이다. 분위기와 음식 모두가 일류 수준으로 식음료 업계에서 이미 수많은 상을 휩쓴 바 있다. 와인 리스트에서는 500여 종의 와인을 선택할 수 있다. 이 와인을 어떤 음식과 함께 먹을지 생각만 해도 행복해질 것이다.

차 차 차르
Cha Cha Char

P122B2
Shop 5, Plaza Level,
Eagle Street Pier Brisbane
QLD 4000
61-7-3211-9944
www.chachachar.com.au
브리즈번 강가에 위치한 차 차 차

르(Cha Cha Char)는 창가에 앉아 아름다운 풍경을 감상하기만 해도 환상적인 곳이지만, 이곳의 소고기 품질 또한 감동적이다. 그리고 훌륭한 향의 와인을 곁들이면 한편으로는 호주의 소고기를, 또 한편으로는 호주의 와인을 즐길 수 있으니 완벽한 식사가 될 것이다.

하나이치
Hanaichi

Shop E.128, Level 1, The
Wintergarden, 171-209
Queen Street, Brisbane
61-7-3221-6633
8:00~17:30
윈터 가든 건물에 위치한 하나이치(Hanaichi)는 고급 회전 초밥 레스토랑이다. 이 레스토랑의 주방장은 일본인이며, 그 맛 또한 일본 현지의 맛 그대로이다. 식재료는 비싼 전복, 랍스터 등도 사용하지만 가격은 그다지 비싸지 않다. 음식의 원가 개념에서 볼 때, Hanaichi는 저렴하고 맛있는 일식 레스토랑임에 틀림없다.

스푼
Spoon

P122B1

James St. Market New Farm

61-7-3257-1750

　스푼(Spoon)에서 판매하는 것은 주로 감자 샐러드, 고기 말이, 고기 파이, 올리브 등의 간단한 반찬인데, 친근한 맛이 호주 사람들에게 집에 돌아온 것 같은 느낌을 준다고 한다. 한 잔의 커피에 샌드위치를 같이 먹을 수도 있으니 이곳에서 여유로운 시간을 보내는 것도 추억이 될 것이다. 60여 종의 치즈를 비롯하여 향신료, 식재료, 통조림 등을 팔고 있고 흔하지 않은 수입 식품 외에도 태즈메이니아의 물을 유리병에 넣어 팔기도 한다.

크루 바
Cru Bar

P122B1

James St. Market New Farm

61-7-3252-2400

　다운타운 남쪽에 위치한 크루 바(Cru Bar)는 많은 여피족들이 모이는 곳이다. 개방식의 창문이 열리면 창턱 가까이에 있는 자리들에는 낮이면 햇빛이 쏟아지고, 밤이면 미풍이 산들산들 불어온다. 대리석으로 된 바 카운터에는 조명을 설치하여 오렌지색 빛이 테이블 위에 있는 유리잔의 술을 비춘다. 나무 바닥과 천장에 달린 금속 펜던트 조명은 이곳의 밤을 더욱 아름답게 만든다. 또 Cru Bar만의 특별한 소스는 음식에 독자적인 스타일을 더하게 하였다. 훈제오리 가슴살이나 대서양 연어 스테이크가 특히 인기있다. 이곳에서는 간단한 프렌치 포테이토도 마늘을 첨가한 요구르트 소스에 찍어 먹으면 특별한 맛이 된다.

H 숙박

Terraces On Wickham, Managed by Accor

- 345 Wickham Terrace Brisbane QLD 4000
- 61-7-3831-6177
- 61-7-3832-5919
- 109~218달러
- www.terracesonwickham.com.au

Mercure Hotel Brisbane

- 85-87 North Quay Brisbane QLD 4003
- 61-7-3237-2300
- 61-7-3236-1035
- 135~235달러
- www.mercurebrisbane.com.au

Novotel Hotel Brisbane

- 200 Creek St., Brisbane QLD 4000
- 61-7-3309-3309
- 61-7-3309-3308
- 165~315달러
- www.novotelbrisbane.com

Astor Metropole Best Western Hotel Brisbane

- 193 Wickham Terrace Brisbane(Spring Hill) QLD 4000
- 61-7-3144-4000
- 61-7-3144-4001
- 140~240달러
- www.astor.bestwestern.com.au

Medina Executive Brisbane

- 15 Ivory Lane Brisbane QLD 4000
- 61-7-3218-5800
- 61-7-3218-5805
- 167~346달러
- www.medinaapartments.com.au

Pacific International Apartments Brisbane

- 570 Queen St., Brisbane QLD 4000
- 61-7-3234-8801
- 61-7-3236-9637
- 180~231달러
- www.pacificinthotels.com

골드 코스트

Gold Coast

골드 코스트(Gold Coast)는 호주에서 가장 유명한 휴양지로, 매년 약 400만 명의 관광객들이 이곳을 찾아 여가를 즐긴다. 브리즈번에서 남쪽으로 이어진 70km의 해안선이 모두 골드 코스트에 속하며, 아열대 기후에 속하기 때문에 1년 내내 햇빛이 두루두루 비친다.

교통 정보

◎ 기차

기차는 골드 코스트와 퀸즐랜드 각 지역을 잇는 가장 편리한 교통수단이며, 해안선을 따라 브리즈번을 비롯한 기타 대도시들에 바로 연결된다.

◎ 서프사이드(Surfside)

골드 코스트의 아름다운 백사장을 걷고 싶다면, 서프사이드(Surfside) 해안버스는 최고의 선택이다. 골드 코스트의 주요 해안을 연결하며, 유명한 관광 명소와 호텔에는 모두 정류장이 있기 때문에 서프사이드 해안버스는 골드 코스트를 여행하는 가장 편리한 대중교통 수단이다.

워너 브라더스 무비 월드
Warner Bros. Movie World

✈ P131B2
🏠 Pacific Motorway
   Oxenford Gold Coast,
   Queensland 4210
☎ 61-7-5573-8485
📠 61-7-5573-3999
🕐 10:00~17:30
💲 성인 62달러,
   4세~13세 어린이 40달러,
   3세 이하 어린이는 무료.
🌐 www.movieworld.com.au

　골드 코스트에서 가장 환상적인 곳은 바로 워너 브라더스 무비 월드(Warner Bros. Movie World)이다. 사람들에게 회자되는 영화 장면을 재현하여 영화 속의 인물들과 다시 만날 수 있도록 만들어 놓았다.
　무비 월드에서 가장 흥미로운 부분은 "폴리스 아카데미"의 스턴트 쇼인데, 멍청한 경찰이 우여곡절 끝에 범인을 잡는 이야기로 매우 재미있어서 매 장면마다 관중들의 웃음과 박수 소리가 터져 나온다. 영화 거리를 기웃거리다 보면 여러 공연을 볼 수 있는데, 배트맨과 캣우먼의 요란스러운 퍼레이드, 마릴린 먼로의 춤과 노래 공연 등은 모두 무비 월드 내에서 수시로 상연된다.
　워너 브라더스 무비월드에는 무섭고 짜릿한 롤러코스터도 있는데, 그 중에 "리셀 웨폰"은 두 다리는 허공에 떠 있으며, 몸이 360도로 공중 회전하는 가장 무시무시한 놀이기구이다. 자기의 담력이 얼마나 센지를 시험해 보고 싶다면 이 놀이기구부터 시작해 보는 것도 좋겠다.
　이외에도 3D 영화 및 4차원 공간 탐험, 특수 촬영 공연 등은 사람들이 가장 좋아하는 프로그램들이다. 워너 브라더스 무비월드는 사람들이 좋아하는 테마파크 중의 하나이기 때문에, 매일 이곳을 찾는 관광객들의 수는 헤아릴 수 없을 정도이다. 이곳에 도착하면 먼저 무비월드의 지도 및 프로그램 일정표를 구해서 동선을 확인한 후, 순서대로 둘러봐야 즐거운 시간을 보낼 수 있다.

캣치 어 크랩
Catch A Crab

☎ 61-7-5524-2422
📠 61-7-5524-2423
🕐 매일 9:00 출발
🌐 www.tropicalnsw.com.
   au/catchacrab

　캣치 어 크랩(머드 크랩 잡기, Catch A Crab)은 골드 코스트에서 상당히 인기 있는 반나절 투어 프로그램이다. 오전 9시에 Dry Dock Rd.에서 배를 타고 트위드 강(Tweed River)을 따라 약 3~4시간 정도 가면 된다.
　일반적으로 투어 하루 전날에 작업자들이 미끼를 넣어 놓은 바구니를 강 중간에 감아놓기 때문에 관광객들은 그냥 묶어 놓은 바구니의 줄을 잡아당기기만 하면 살아있는 머드 크랩을 잡을 수 있다.
　캣치 어 크랩은 전혀 힘이 들지 않는, 그냥 재미있는 놀이이다. 먹이를 먹으려고 뱃머리에 모여드는 펠리컨 갈매기도 보고, 이곳의 자랑인 해안가의 경치도 즐기자. 또 밀물, 썰물이 잘 맞을 경우, 직접 낚시도 가능하니 시도해 보자.

아쿠아 버스
Aqua Bus

🏠 74 Orchid Avenue Surfers Paradise

📞 61-7-5539-0222(사전예약 필수)

🕐 전체 여정 약 75분

💲 성인 24달러,
  어린이(1~14세) 19달러

배이기도 하고, 차이기도 하다. 차 안에 앉아서 길가의 풍경을 감상할 수 있고, 바다를 만나게 되면 다른 배로 바꿔 탈 필요 없이 직접 바다로 들어갈 수 있다. 신선하고 자극적이며 재미있는 경험이다.

아쿠아 버스(Aqua Bus)는 골드 코스트의 여행 재미를 위해 만들어진 특별한 관광 버스이다. 골드 코스트에 왔다면 해안도로에서 바닷바람을 맞는 것노 좋지만 이 차를 타고 도로에서 바람을 쐬다가, 나중에는 직접 골드 코스트의 아름다운 바다로 나가 수상 교회, 유람선 선착장도 구경하자. 사람들이 가장 기대하는 것은 물론 이 차가 바다로 들어가는 그 순간이다.

재미있는 것은 운전기사 역시 사람들이 바로 여기에서 즐거움을 느낀다는 것을 알고 있기 때문에 이 쯤에서 후진하였다가 다시 물에 들어가는 식으로 사람들이 충분히 아쿠아 버스의 신기함과 재미를 느낄 수 있도록 한다.

드림월드
Dreamworld

P131B2

Dreamworld Parkway, Coomera, Queensland 4209

61-7-5588-1111

61-7-5588-1108

10:00~17:00(4월 25일 군인 기념일 13:30~18:30)

성인 62달러, 4세~13세 어린이 40달러, 3세 이하 무료.(드림월드 내의 모든 놀이기구, 공연 포함. 하지만 헬리콥터, 기념사진, 상품, 음료, 식사 등은 포함되어 있지 않음.)

www.dreamworld.com.au

드림월드(Dreamworld)는 호주에서 가장 인기 있는 놀이공원이다. 귀엽고 흥미로운 동물 쇼를 비롯하

씨 월드
Sea World

P131B3

Sea World Dr. Main Beach, Gold Coast, Queensland, 4217

61-7-5588-2222

61-7-5591-1056

9:30~17:00

성인 62달러, 4세~13세 어린이 40달러

www.seaworld.com.au

메인 비치(Main Beach)에 위치한 해양 공원으로, 골드 코스트에서 오랜 역사를 지닌, 여전히 인기 최고의 관광 명소이다. 씨 월드(Sea World)는 호주 전체에서 가장 큰 규모의 해양 생물 공원이며, 그 면적은 20만㎡ 이상이다. 공포의 버뮤다 트라이앵글과 같은 놀이기구

콘라드 주피터스 카지노
Conrad Jupiters

P131B3

Broadbeach Island Queensland 4218

61-7-5592-1133, 1-800-074-344

61-7-5592-8219

24시간

www.conrad.com.au/jupiters

골드 코스트에서 가장 처음으로 손에 꼽는 오락 유흥 시설로, 카지노, 호텔, 댄스 쇼 등을 모두 모아 놓았다. 1년 내내 밤낮으로 쉬지 않는다.

호주 전국의 대도시에는 모두 카지노가 있는데, 레저 천국인 골드 코스트에도 당연히 많은 카지노가 있다. 콘라드 주피터스 카지노(Conrad Jupiters)는 24시간 영업에 100개 이상의 게임기가 있다. 호주 법률에 의거하여 만 18세 이상이 되어야 입장이 가능하다.

카지노 외에 주피터스의 댄스 쇼도 상당히 볼 만하다. 매년 세계 일

여 짜릿한 자이언트 드롭은 매년 다양한 연령대의 관광객들을 이곳으로 모으고 있다.

자이언트 드롭(The Giant Drop)과 타워 오브 테러(Tower of Terror)는 드림 월드의 또 다른 재미이다. 자이언트 드롭은 전 세계에서 가장 빠르고, 가장 높은 자유낙하 놀이기구로, 가장 높은 곳에서 낙하할 때의 속도는 시속 135km에 달한다. 타워 오브 테러도 매우 무섭다. 하늘 위를 날았다가 엄청난 속도로 다시 출발점으로 돌아오는, 말하자면 거꾸로 나는 청룡열차이다. 레일 옆의 차바퀴 돌아가는 소리만 들어도 이미 그 속도감이 심장을 조여 온다.

드림월드는 상당히 넓어서 12개의 구역으로 나뉜다. 귀를 진동하고, 외마디 비명이 끊이지 않는 놀이기구 구역을 지나면 나오는 코알라 컨트리도 또 하나의 재미이다. 코알라와 호주 특유의 동물들을 가까이에서 볼 수 있으며, 기념사진도 찍을 수 있다. 테마 공원에서는 범퍼카, 드림월드 기차, 통나무 라이드, 썬더리버 래피드 라이드 등 있어야 할 놀이기구들은 다 있으며, 계절에 따라 멋진 공연들이 준비되기도 한다.

외에도 생태 교육과 보존을 위한 수족관도 있다. 또한 물개, 범고래, 상어, 바다사자의 멋진 공연도 이곳에서 볼 수 있다.

다른 해양 공원과의 차이점은 관광객들에게 인기가 좋은 씨 월드만의 수상스키 쇼가 있다는 것이다. 세계 각지에서 온 최고의 수상스키 선수들이 빠른 속도로 수상스키를 타면서 높은 난이도의 자세와 특수 기술 등을 보여준다. 때때로 간담을 서늘케 하는 아슬아슬함이 있기 때문에 이 쇼는 "Thrill-a-Minute"라는 별명을 갖게 되었다.

류 수준의 프로그램이 공연되며, 어떤 때에는 화려한 댄스 쇼가 열리고, 어떤 때에는 체조, 레이저, 무용 등이 결합된 프로그램이 공연된다. 이 모두가 시각적으로 많은 볼거리와 감동을 준다. 주피터스 호텔은 600여 개의 객실을 보유한 5성급 호텔이며, 세계 각국의 음식을 맛볼 수 있는 레스토랑과 카페도 있는데, 맛과 시설 등이 골드 코스트에서 최고로 손꼽히고 있다.

파라다이스 컨트리
Paradise Country

P131B3

Entertainment Road, Oxenford Gold Coast, Queensland 4210

61-7-5573-8289

61-7-5573-8288

9:30~13:00, 11:45~15:15, 13:00~16:15

www.paradisecountry. com.au

호주에 오면 당연히 시골 생활을 직접 경험해 보아야 한다. 파라다이스 컨트리(Paradise Country)에서는 복고 마차를 탈 수도 있고, 코알라를 안아볼 수 있으며, 승마, 양치기 개의 쇼도 볼 수 있다. 식사 시간에도 컨트리 음악과 함께 식사를 즐길 수 있다.

호주의 양모는 전 세계에서 그 이름이 매우 유명한데 파라다이스 컨트리에서는 양털 깎기 공연도 볼 수 있다. 양을 순서대로 무대에 올리고 농장 주인이 양의 특징에 대해서 설명해 준다. Licco의 양모는 주로 카펫을 만드는데 사용되며, Dorset Horn의 큰 뿔은 상당히 인상 깊다. Bond는 양갈비에 주로 쓰이고, Suffo는 적응력이 좋기 때문에 먹이를 찾아 아주 먼 곳까지도 갈 수 있다. Wiltshire Horn의 털은 아주 짧아 주로 식용으로 사용된다. 가장 나중에 등장하는 것은 주인공인 Marino인데 농장 주인이 숙련된 기술로 털을 빨리 깎아내고 나면, 가볍고 보온성이 우수한 양모가 된다. 관광객들은 부메랑을 던지며 놀고, 우유를 짜거나, 복고 마차 등을 탈 수도 있으며, 또한 빌리 티(Billy Tea)와 댐퍼(Damper) 빵을 먹을 수 있다.

탬보린 산
Tamborine Moutain

61-7-5545-1171

골드 코스트에서 머지않은 곳에 푸른 숲이 있는데, 현지인들은 이곳을 Hinterland라고 부른다. 이곳에는 여러 개의 국립공원이 있는데, 그중 탬보린 산(Tamborine Mountain)은 퀸즐랜드 최초의 국립공원이다. 탬보린 산 안에는 Witches Falls, 우림 산책길, 와이너리(Mount Tamborine Vineyard & Winery, 61-7-5545-3506) 등이 있다. 그리고 갤러리 워크(Gallery Walk)라고 불리는 쇼핑 거리가 있는데, 그곳에는 10여 개의 작은 기념품점, 레스토랑 등이 있어 반나절 여행에 적합하다. 하지만 이 일대에는 버스가 다니지 않아 렌터카를 이용하거나, 당일 투어에 참가해야 한다.

서퍼스 파라다이스
Surfer's Paradise

P131B3

서퍼스 파라다이스(Surfer's Paradise)는 골드 코스트 일대에서 호텔들이 가장 밀집되어 있는 지역이다. 카빌(Cavil) 대로에는 쇼핑센터, 하드 록 카페, 면세점, 바가 밀집되어 있어 밤이 되면 인파로 북적인다. 주말 저녁 하드 록 카페에서는 라이브 공연도 있다.

또 이 일대에는 기념품 상점들도 아주 많다. 영업시간은 비교적 긴 편인데, 일반적으로 밤 8시, 9시까지이다. 일부 상점들은 10시, 심지어는 새벽까지도 영업하기 때문에 밤에 쇼핑하기에도 좋다.

쇼핑

하버 타운
Harbour Town

 P131B3
 Cnr Gold Coast Highway & Oxley Drive Biggera Waters Queensland 4216
 61-7-5529-1734
 61-7-5529-2459
 월~수요일 9:00~18:00
　목요일 9:00~21:00
　금~토요일 9:00~18:00
　일요일 10:00~16:00

　브랜드 창고 대 개방을 표방하고 있는 하버 타운(Harbour Town)은 골드 코스트의 최신 대형 쇼핑센터이다. 40개가 넘는 할인점들이 소

비자가의 30~70% 가격에 판매하고 있다. 유행 패션, 액세서리 외에도 스포츠 용품, 가구, 주방용품 등도 있다.

　NIKE, ESPRIT, POLO RALPH LAUREN 등의 유명 브랜드를 비롯하여, 호주 현지 브랜드인 JUST JEANS 역시 상당히 넓은 매장에 입점되어 있다.

퍼시픽 페어
Pacific Fair

 P131B3
 Hooker Boulevard Broadbeach
 61-7-5539-8766
 월~토요일 9:00~17:30
　목요일 9:00~21:00
　일요일 10:30~16:00

　퍼시픽 페어(Pacific Fair)는 골드 코스트는 물론, 퀸즐랜드 최대의 쇼핑센터이다. 규모가 매우 크며, 안에는 극장을 비롯하여 할인마트 등도 입점되어 있어 오후 내내 돌아다니기 좋다.

　이 쇼핑센터에는 기념품점이 있기는 하지만 관광객 전문 쇼핑센터가 아니기 때문에 일반 매장이 더욱 많다. 쇼핑을 좋아하는 사람들은 이곳에서 두 손 가득 쇼핑할 수 있다.

코란 코브 아일랜드 리조트
Couran Cove Island Resort

✈ P131B2

⌂ 리조트 마을 South Stradbroke Island, 배를 타고 Runaway Bay Departure Terminal 247 Bay view Street.

☎ 61-7-5597-9000

📠 61-7-5597-9090

🕐 체크인 14:00, 체크아웃 11:00

💲 물가 별장 230달러~, 숲속 나무집 175달러~(적어도 3박 이상). 만약 12세 이하의 어린이와 같이 머무는 경우 별도의 추가 요금 없음.

🌐 www.couran-cove.com.au

골드 코스트에 있는 리조트로 태양, 해변, 수상 스포츠를 즐길 수 있는 곳이다. 사우스 스트래드브로크(South Stradbroke) 섬에 위치해 있으며, 부대시설 등이 아주 독특하고 참신하다. 특히 객실 디자인은 인테리어 잡지에 특별히 실린 적도 있어 인기가 있다.

Couran Cove Island Resort의 객실 종류는 아주 다양하다. 관광객들이 가장 좋아하는 곳은 수상 가옥으로 된 작은 별장이다. 높고 긴 창문을 열면 발코니에서 바다 풍경을 볼 수 있고, 객실도 상당히 넓다. 평상시에 일이 바쁘고 머리가 복잡했던 도시인들이 이곳에 오면 편안하게 단잠을 잘 수 있다. 또한 6명까지 잘 수 있는 숲속 나무집은 자기만의 독립된 공간이면서, 별도의 부엌도 갖고 있어 편리하다.

수영, 서핑, 헬스, 자전거 하이킹, 패러글라이딩, 암벽 등반, 우림 산책, 테니스 등의 다양한 레저 활동이 가능하다는 것도 특징이다. 휴식을 원하는 사람에게 추천하는 5일 프로그램은 특히 인기가 많다.

오렐리 리조트 O'Rellys Mountain Resort

P131A3

Lamington National Park Road Via Canungra Queensland 4275

61-7-5544-0644, 1800-688-722

61-7-5544-0638

일인 일 박당 141달러~, 세 끼와 애프터눈 티, 시청각 공연 등이 포함되어 있음. 17세 이하의 청소년 및 어린이는 성인과 같이 방을 사용하는 경우 식사비만 추가됨.

체크인 13:00, 체크아웃 10:00 www.oreillys.com.au

래밍턴 국립공원(Lamington National Park)의 깊숙한 곳에 위치한 O'Rellys Mountain Resort는 O'Rellys 가족이 운영하는 곳으로 이미 80여 년의 역사를 가지고 있다. 이곳에서는 아침에는 새 구경, 낮에는 하이킹, 저녁에는 별 보기 등의 다양한 프로그램들 때문에 하루가 매우 바쁘다. 우림을 경험하고, 폭포를 가까운 곳에서 보거나, 곤충을 감상하는 등의 프로그램에는 모두 전문 가이드가 있다. 또한 영화도 감상할 수 있기 때문에 이곳에 오면 분명히 만족스러운 휴식을 취할 수 있다.

O'Rellys Mountain Resort의 또 하나의 특징은 이곳에서는 아무 것도 안 해도 된다는 것이다. 도서실, 피아노실 등이 있어 원하는 것을 하면서 쉬고, 하루에 6번의 티타임이 있기 때문에 밖으로 나가지 않아도 무료하지 않게 시간을 보낼 수 있다. 이곳의 저녁 식사도 아주 훌륭한데, 프랑스 요리와 이탈리아 요리를 제공하고 있다.

객실은 많지 않지만, 각 객실의 창문을 통해 래밍턴 국립공원의 푸른 산을 조망할 수 있다. 매일 아침에는 새 소리로 잠이 깨는 편안하고도 따뜻한 느낌의 리조트이다. 기본적으로 이곳에 와서 하룻밤만 머무는 것은 아쉬운 일이다. 이곳의 대자연은 자세히 들여다보고, 또한 천천히 심호흡할 가치가 있기 때문이다. 물론, 이곳이 깊은 산중에 있기 때문에 이곳까지 오는 데에도 적잖은 시간이 걸렸지 않은가! 만약 급히 시간에 쫓기지 않는다면 산 중의 작은 집에서 휴식을 취하는 것도 멋진 일이며, O'Rellys Mountain Resort는 그런 의미에서 최고의 선택이다.

🏠 333 Main Western Road Tamborine Mountain Queensland 4272

☎ 61-7-5545-1603

💲 175달러~(조식 포함), 투숙자는 점심, 저녁 20% 할인. 객실 안에서 식사가능

🌐 www.polishplace.com.au

 탬보린 산 안에 위치한 작은 목조 가옥으로, 호주에 이민 온 폴란드인이 경영하는 여관이다. 정통 폴란드 요리를 제공하며, 집 밖에 있는 야외 테이블은 많은 사람들에게 사랑받고 있다. 특히 무지개 앵무새 무리는 식사 분위기에 또 다른 멋을 더하고 있다.

 The Polish Place의 객실은 산골짜기 옆의 비탈에 위치하기 때문에 경치가 매우 훌륭하다. 작은 다락방 스타일로 설계되어 있으며, 거실과 침실이 구분되어 있다. 화로, 마사지 월풀 등이 안락함을 더해준다. 특히 신혼여행을 온 신랑신부에게 적합하다.

Islander Resort Hotel

🏠 Beach Rd. and Gold Coast Highway, Surfers Paradise Queensland 4217

☎ 61-7-5538-8000

📠 61-7-5592-2762

💲 26~93달러

🌐 www.islanderresort.com.au

International Beach Resort Gold Coast

🏠 84 The Esplanade Surfers Paradise Gold Coast 4217

☎ 61-7-5539-0099

📠 61-7-5538-9613

💲 78~114달러

🌐 www.internationalresort.com.au

Vibe Hotel Surfers Paradise

🏠 42 Ferny Avenue Surfers Paradise Queensland 4217

☎ 61-7-5539-0444

📠 61-7-5592-3757

💲 84~115달러

🌐 www.vibehotels.com.au

Legends Hotel Gold Coast

🏠 Cnr Surfers Paradise Blvd and Laycock St., Surfers Paradise Queensland 4217

☎ 61-7-5588-7888

📠 61-7-5588-7887

💲 104~156달러

🌐 www.legendshotel.com.au

호주 서부

퍼스

Perth

풍경이 수려한 호주 서부의 주도(州都)이며, 스완 강을 끼고 있다. 서쪽으로는 1년 내내 따뜻한 인도양과 인접해 있으며, 동쪽으로는 달링 산맥(Darling Ranges)과 연결된다. 인도양과 스완 강은 수상 스포츠를 좋아하는 호주 인들에게 최고의 장소이며, 바다 출항, 요트, 서핑, 스쿠버 다이빙 등이 가능하다.

스완 강은 퍼스를 관통하여 두 지역으로 나눈다. 또 달링 산맥의 수원지이며, 최후에는 인도양에 유입된다. 스완 강의 흑조(Black Swan)는 퍼스를 대표하는 동물로서 퍼스는 백조의 도시라고 불린다. 호주 서부가 외진 곳에 있기 때문에 가까운 주도인 애들레이드에 갈 때에도 차로 꼬박 이틀이 걸려 퍼스는 "세계에서 가장 고립된 고시"라고 불리기도 한다.

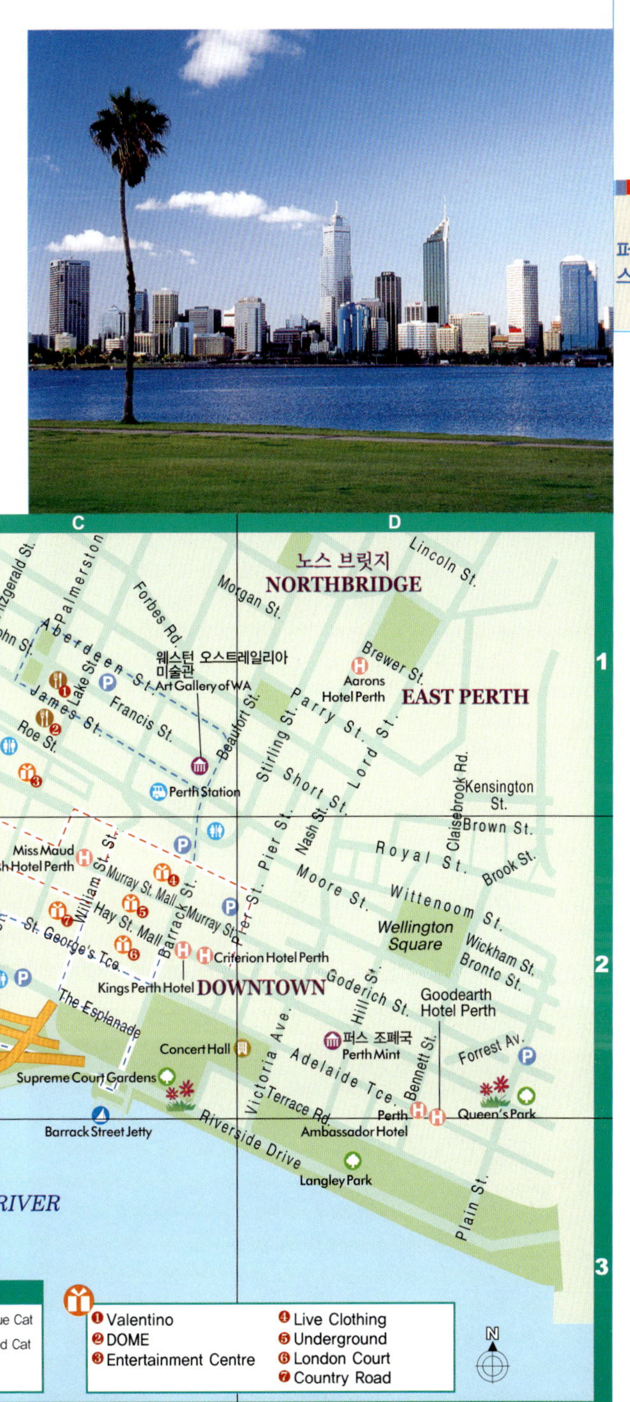
호주 서부
퍼스
C
D
노스 브릿지
NORTHBRIDGE
Lincoln St.
Morgan St.
Fitzgerald St.
John St.
A. Palmerston
Aberdeen St.
Forbes Rd.
Lake Street
James St.
Francis St.
웨스턴 오스트레일리아
미술관
Art Gallery of WA
Brewer St.
Aarons
Hotel Perth
EAST PERTH
Roe St.
Perth Station
Beaufort St.
Parry St.
Stirling St.
Short St.
Lord St.
Nash St.
Pier St.
Claisebrook Rd.
Kensington St.
Brown St.
Miss Maud
dish Hotel Perth
Murray St. Mall
Hay St. Mall
St. George's Tce.
William St.
Barrack St.
Murray St.
Moore St.
Royal St.
Wittenoom St.
Brook St.
Bronto St.
Wickham St.
Wellington
Square
Kings Perth Hotel
Criterion Hotel Perth
DOWNTOWN
Goderich St.
Hill St.
Goodearth
Hotel Perth
The Esplanade
Concert Hall
Supreme Court Gardens
Perth Mint
퍼스 조폐국
Victoria Ave.
Adelaide Tce.
Bennett St.
Forrest Av.
Barrack Street Jetty
Terrace Rd.
Riverside Drive
Perth
Ambassador Hotel
Queen's Park
RIVER
Langley Park
Plain St.
1
2
3
C
D
N
Blue Cat
Red Cat
화
Valentino
DOME
Entertainment Centre
Live Clothing
Underground
London Court
Country Road

◎다운타운 CAT(Central Area Transportation) 버스

무료로 운행되는 CAT 버스는 퍼스 시내를 남북으로 운행하는 The Blue CAT(블루 버스)과 동서로 운행되는 The Red CAT(레드 버스)로 나뉜다. 퍼스 시내의 거리 곳곳에서는 CAT 버스 정류장을 볼 수 있으며, 정류장의 표지판 위에 있는 버튼을 누르기만 하면 다음 차가 몇 분 후에 도착할지를 알려준다. CAT 버스는 깨끗하고 편안하며, 차편도 아주 많아 퍼스 다운타운을 여행하기에 가장 좋은 교통수단이다.

The Red CAT : 월요일~금요일 6:50~18:20, 매 5분마다 차편이 있음. 토요일~일요일 10:00~18:15, 매 45분마다 차가 있고, 18:20분이 마지막.

The Blue CAT : 월요일~목요일 6:50~18:20, 매 8분마다 차편이 있음. 금요일 6:50~18:20, 매 8분마다 차편이 있으며, 6:20~1:05 사이에는 15분 간격으로 차가 있다. 토요일 8:30~1:00, 매 12분마다 차가 있고, 첫차는 3, 7, 19번 정류장에서 시작된다. 일요일 10:00~17:00, 매 12분마다 차가 있고, 첫차는 3, 7, 19번 정류장에서 시작된다.

◎ 퍼스 관광버스(Perth Tram)

🔋61-8-9322-2006

💲1일 패스 A 15달러, 어린이(15세 이하) 7달러, 우대권 13달러, 패밀리 티켓(성인 2명, 어린이 4명 이하) 37달러.

😊다운타운의 Hay St. 565번지 → Hill St. → Burswood 카지노 → 다운타운의 Hay St. 565번지 → 킹스 파크 → Murray St. 306번지 → Barrack St. Jetty → 다시 다운타운. (주: 첫차는 Murray St. 306번지에서 정차하고 다시 킹스 파크 쪽으로 간다.)

◎ 공항에서 시내까지의 교통

호화 버스(Coach Service) :

🔋61-8-9479-4131　　　　　💲 성인 11달러

공항버스(Airport Shuttle)

🔋61-8-9383-4115　　　　　💲12달러

택시 : 공항에서 퍼스 시내까지 약 30분 정도 소요.

💲약 20달러

웨스턴 오스트레일리아 미술관
Art Gallery of Western Australia

 P141C1

 47 James St. Northbridge,
 West Australia 6000

 61-8-9492-6600

 61-8-9492-6655

 무료. 단, 특별 전시가 있는
 경우에는 별도 부과.

 10:00~17:00.
 무료 가이드 투어 : 목요일,
 일요일 13:00.

 www.artgallery.wa.gov.au

 웨스턴 오스트레일리아 미술관(Art Gallery of Western Austraila)에는 호주 본토 화가의 작품부터 세계 각국의 그림, 조각, 수공예품 및 장식예술품 등, 그야말로 없는 것이 없이 다 소장되어 있다. 관내에는 호주 원주민의 예술 작품 역시 두루 완벽하게 갖추고 있다.

 웨스턴 오스트레일리아 미술관의 수많은 소장품 중에는 호주 서부 출신의 저명한 원주민 화가인 샐리 모건(Sally Morgan)의 작품도 포함되어 있다. 그녀는 선명한 색채, 단순한 도안 및 유려한 라인 등을 이용하여 꿈의 세계를 그려내고 있다. 샐리 모건은 15세 이후에야 자신이 원주민 혈통이라는 것을 알게 되었고, 사람들은 그녀가 그림을 통해 원주민의 이야기를 하고 있음을 느낄 수 있다.

퍼스 조폐국
Perth Mint

 P141D2

 310 Hay St., East Perth, West Australia 6004

 61-8-9421-7478

 61-8-9221-9804

 www.perthmint.com.au

 월~금요일 9:00~16:00. 토~일요일, 휴일 9:00~13:00

 무료. 황금 전시관 관람은 별도 입장료 추가.

1899년 오픈 당시에는 영국 왕실의 조폐국이었다. 영국 식민 제국을 위해 호주 서부에서 발견된 금광의 금을 단련하고, 1 파운드, 1/2 파운드의 금화로 주조하여 다시 영국으로 보내었다. 1970년에야 비로소 퍼스 조폐국(Perth Mint)은 호주 정부의 수중으로 이전되었다. 1984년 이전에는 호주에서 통용되는 동전

몽거 호수
Lake Monger

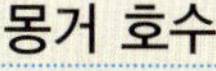

⌂Lake Monger Drive, Leederville

퍼스는 "백조의 도시"라고 불리는데, 이는 전적으로 몽거 호수(Lake Monger)의 우아한 흑조(Black Swan) 때문이다. 호수의 삼면은 넓은 풀밭과 무성한 숲으로 둘러싸여 있다.

호수의 서쪽에는 인공으로 만든 조류 번식 섬이 있는데, 많은 조류들이 이곳에 모여들어 몽거 호수에 멋진 풍경을 연출하고 있다. 이 아름다운 새들은 많은 관광객을 불러들이고 있으며, 퍼스에 낭만적이고 우아한 분위기를 더해준다.

을 대량으로 주조하였다. 1999년 조폐국은 100세 생일을 맞게 되었고, 지금도 여전히 금화를 주조하는 세계 최고(最古)의 조폐국이 되었다.

퍼스 조폐국과 호주 왕실 조폐국의 합작으로 2000년 시드니 올림픽 메달과 기념주화 등이 제조 및 발행되기도 하였다. 이곳에서는 동전을 주조하는 서비스도 제공하고 있는데, 관광객들은 뒷면에 퍼스 조폐국의 상징인 백조가 새겨진 순은, 실버 도금, 골드 도금한 동전을 사서 앞면에다가 자기의 이름 또는 기념 글귀 같은 것을 새길 수 있다. 이러한 동전은 유일무이한 것이라고 말할 수 있다.

황금 전시관

⏱ 황금 주조 프로그램 :
    월~금요일 10:00~15:00,
    토~일요일 10:00~12:00
💲 성인 6.6달러, 어린이 3.3달러,
    패밀리 티켓 16.5달러

퍼스 조폐국의 관람은 무료이지만, 황금 전시관과 황금 주조 프로그램

은 별도의 입장료가 있다. 황금 주조 프로그램에서 만든 골드 바(Gold Bar)는 하나에 약 200온스, 6kg에 달하는 무게이다.

이곳에서는 각양각색의 천연 금괴를 볼 수 있으며, 그중에는 세계에서 두 번째로 큰 금괴인, 무게가 25kg에 달하는 노르망디 금괴(Normandy Nugget)도 있다. 또 자신의 완력과 팔 힘을 시험하고 싶으면 무게 400온스에, 값은 20만 달러가 넘는 금괴를 들어볼 수도 있다.

수비아코
Subiaco

P140A1

　퍼스 교외의 수비아코(Subiaco)는 현지인들이 Subi라고 줄여 부르고 있으며, 거리는 한적하고 여유로운 분위기로 충만해 있다. 마음대로 거리를 배회하기에 아주 적당하며, 크고 작은 매장들과 카페가 있기 때문에 돌아다니다가 다리가 아프면 아무 곳에나 들어가서 아이스크림을 먹거나 커피를 마시면서 휴식을 취할 수 있다.

　이 지역은 호주 유명 디자이너의 고급 부티크, 이국적 정취의 수입용품점, 수비아코 역 시장 등, 개성 있는 쇼핑의 메카이다. 또한 프랑스를 비롯하여, 레바논, 중국, 태국 등, 각 나라의 독특한 맛을 자랑하는 레스토랑들이 많이 있다.

노스 브리지
North bridge

P141D1

　노스 브리지(North Bridge)는 퍼스의 나이트 라이프와 유흥을 위한 장소이다. 퍼스 다운타운과는 도보로 10분이면 충분하기 때문에 매일 밤이 되면 바, 클럽 주변에 사람들이 모여드는 것을 볼 수 있다. 이곳은 원래 유럽 이민자들의 지역사회였으나 지금은 퍼스 시민의 나이트 라이프에서 빼놓을 수 없는 곳이 되었고, 관광객들도 그 이름을 듣고 찾아온다.

　대낮의 노스 브리지는 예술 여행을 하기에 적합하다. 웨스턴 오스트레일리아 미술관은 여행객들에게 현지 원주민들의 창작 예술작품을 비롯하여 호주와 세계 각지의 예술품 등을 관람할 수 있도록 무료로 개방하고 있다. 웨스턴 오스트레일리아 박물관 역시 무료 개관하고 있어 사람들이 인문 예술을 심도 있게 이해할 수 있도록 돕고 있다.

쇼핑

평소에는 직장인들로 가득 차 있지만, 휴일이면 형형색색의 쇼핑족들이 이곳을 가득 채운다. 이곳에서는 세계 유명 디자이너들의 브랜드 제품뿐만 아니라, 호주 현지 디자이너의 독창적인 옷, 액세서리 등도 구입할 수 있다. 여기에 독특한 런던 코트(London Court)까지 더하면 퍼스에서의 쇼핑을 완전히 누릴 수 있다.

퍼스 쇼핑
Perth Shopping

P141C2

퍼스의 멋진 쇼핑 장소들은 다운타운의 Murray St.와 Hay St.에 모두 집중되어 있다.

컨트리 로드
Country Road

P141C2

Perth City 307-313, Murray St.

61-8-9321-3700

61-8-21-3822

월~목요일 9:00~17:00, 금요일 9:00~21:00 토요일 9:00~17:00, 일요일 12:00~17:00

www.countryroad.com.au

1974년에 설립된 호주에서 가장 유명한 의류 매장이다. 도시마다 지점이 있으며, 뉴질랜드와 미국에도 지점이 있다. 의상의 라인이 아름답고, 색상도 선명하다. 공식 장소에 적합하며, 편안함을 잃지 않아 호주 특유의 무겁지 않은 분위기에 잘 어울린다. 신사정장, 여성 의류, 액세서리, 가구, 건강식품, 향수 등 모든 것이 다 있다.

라이브 클로딩
Live Clothing

P141C2

Shop 4, Forrest Chase, Murray St.

61-8-9325-8444

월~목요일 9:00~17:30,

런던 코트
London Court

P141C2

빅토리아풍의 런던 코트(London Court)는 1937년에 설립되었다. 정교한 구조는 이곳 London Court를 퍼스의 중요한 명소 중의 하나로 만들었다. 마주보고 있는 Hay St.의 시계는 영국 웨스트 민스터 사원의 빅벤을 모방하여 만든 것이다. 이곳 역시 호주 기념품을 구입하기에는 최적의 장소로 모자, 향수, 엽서, 보석 및 가죽 제품 등의 다양한 물품을 구입할 수 있다.

금요일 9:00~21:00
토요일 9:00~17:00,
일요일 12:00~17:30
강렬한 전자음악, 새로운 스타일의 옷, 과장된 인테리어 등에서 사람들은 이곳이 청소년 전문 브랜드 의류점이라는 것을 금방 알아차린다.

점원의 차림새 역시 과격하다. 인조 가죽 외투와 요즘 유행하는 인라인 장비 등을 판매하고 있으며, 가격도 적당하니 쇼핑을 좋아하는 사람들은 결코 지나치지 말자.

언더 그라운드
Underground

- P141C2
- Shop 17a, Plaza Arcade
- 61-8-9221-5840
- 61-8-9325-7172
- 월~목요일 9:00~17:30,
  금요일 9:00~21:00,
  토요일 9:00~17:00,
  일요일 12:00~17:00

호주 서부 사람들이 가장 좋아하는 스포츠인 스쿠버 다이빙 장비를 전문으로 하는 매장이다. 가게 안에 들어가면 가장 먼저 눈에 띄는 것은 화려한 수영복들이며, 지하실에는 스쿠버 장비들이 가득 있다. 무더운 여름의 호주 서부 해변은 스쿠버 다이빙의 최적지이며, 많은 사람들이 멀리서부터 그 이름을 듣고 이곳에 찾아온다.

수비아코 역 시장
Subiaco Pavilion Markets

- P140A1
- 2 Rockeby Road, Subiaco
- 목~금요일 10:00~21:00,
  토~일요일, 휴일
  10:00~17:00

수비아코 기차역 맞은편에 위치한 수비아코 역 시장(Subiaco Pavillion Market)은 호주 서부의 기념품을 구입할 최적의 장소이다. 55개의 작은 매장들이 각종 수공예품, 액세서리, 에센스, 양초 및 문구류 등을 판매한다. 쇼핑하다가 힘들면 국제 식당가에서 쉬면서 각국의 음식을 먹어보자.

수비 소프 숍
Subi Soap Shop

이 숍은 각종 비누, 샴푸, 바디로션, 에센스 등을 전문으로 판다. 특히 매장 안에는 서로 다른 색과 향의 샴푸 엑기스가 가득 있다. 이곳에서는 사람들이 각자 용기를 가지고 와서 자신이 좋아하는 샴푸 엑기스를 구입하고 혼합하여 자기만의 특별한 샴푸를 만들 수 있도록 배려하였다. 고객들이 직접 샴푸 엑기스를 선택할 수도 있고, 환경 보호를 장려할 수도 있으니 일거양득이라 할 수 있다.

스팀 히트
Steam Heat

스팀 히트(Steam Heat)는 각종 양초, 선향(線香), 비누 등의 기념품을 파는 가게이다. 이곳에서는 각양각색의 양초와 독특한 향의 선향을 구입할 수 있다. 이곳에서 기념품을 구입하여 여행 기념으로 간직하는 것도 좋을 것이다.

식당

수비아코 호텔
Subiaco Hotel

🧭 P140A1
🏠 465 Hay Street, Subiaco
📞 61-8-9381-3069
📠 61-8-9388-1426
💲 비프 스테이크 24달러, 시금치 샐러드 17.5달러, 꼬치구이

21.5달러

수비아코 호텔(Subiaco Hotel)은 현지인들이 매우 좋아하는 레스토랑이다. 그 때문에 이곳에서 빈 좌석을 찾기란 쉽지 않다. 사람들로 북적이며, 특히 세련된 복장의 사람들이 이곳을 많이 찾는다.

요리는 동양 스타일의 퓨전음식으로 일본식 샐러드 소스와 사테(Satay, 꼬치)를 볼 수 있다. 주방장이 요리할 때 사용하는 식재료들도 여러 나라에서 수입한 것들을 사용하고 있다.

젤라레
Gelare

🏠 Shop 2, Regal Theatre, Rokeby Road, Subiaco
📞 61-8-9388-1941
💲 아이스크림 1개와 벨기에 와플 2.9달러, 아이스크림 2개와 벨기에 와플 4.4달러

들어서기도 전에 가게 안에는 벨기에 와플을 굽는 냄새가 가득하다. 젤라레(Gelare)의 아이스크림은 미국식과 이탈리아식 아이스크림을 개량하여 만든 것으로, 모든 아이스크림은 천연 재료를 사용하여 만들어졌다. 향이 진하지만 느끼하지 않고, 방금 구운 벨기에 와플과 아이스크림을 함께 먹으면 바삭하면서도 향기로워 아주 맛있다.

발렌티노
Valentino

🧭 P141C1
🏠 Lake St.과 James St.의 교차로
📞 61-8-9328-2177
📠 61-8-9277-9130
💲 전채요리 10달러, 메인요리 20달러, 디저트 8.5달러, 음료 4달러.

호주 서부의 날씨는 노천카페에서 한가롭게 식사하기에 아주 적합하다. 발렌티노(Valentino)의 요리에는 각종 샐러드, 해산물, 스파게티, 케이크를 비롯한 디저트 등이 있다. 현지의 신선한 해산물은 꼭 먹어보자. 식사 시에는 Valentino의 특제 헤이즐넛, 바닐라, 캐러멜 카페 혹은 페퍼민트 라떼 등을 같이 마시면 정말 완벽하다.

돔
DOME

🔺 P141C1

🏠 Lake St.과 James St.의 교
차로

💲 전채요리 8달러, 메인요리 15
달러, 음료 5달러

돔(DOME)은 노스 브리지의 주요
도로인 James St.에 있으며 주요
요리로는 샌드위치, 샐러드, 해산물
등이 있다. 그중에서 가장 추천할
만한 것은 Chip and Salad인데,
생선을 바삭하게 튀긴 다음, 신선한
야채와 곁들여 타르타르 소스
(Tartar)를 뿌려먹으면 아주 좋다.

H 숙박

Aarons Hotel Perth

🔺 P141D1

🏠 70 Pier St. Perth Western
Australia 6000

☎ 61-8-9325-2133,
1800-998-133

📠 61-8-9221-2936

💲 125~165달러

🌐 www.aaronsperth.com.au

Goodearth Hotel Perth

🔺 P141D2

🏠 195 Adelaide Terrace Perth
Western Australia 6004

☎ 61-8-9492-7777

📠 61-8-9492-7749

💲 78~156달러

🌐 www.goodearthhotel.com.au

Criterion Hotel Perth

🔺 P141C2

🏠 560 Hay St. Perth Western
Australia 6000

☎ 61-8-9325-5155,
1800-245-155

💲 64~165달러

🌐 www.criterion-hotel-
perth.com.au

Kings Perth Hotel

🔺 P141C2

🏠 517 Hay St. Perth Western
Australia 6000

☎ 61-8-9325-6555

📠 61-8-9221-1539

💲 86~180달러

🌐 www.kingshotel.com.au

Sullivans Hotel Perth

🏠 166 Mounts Bay Rd. Perth
Western Australia 6000

☎ 61-8-9321-8022

📠 61-8-9481-6762

💲 120~210달러

🌐 www.sullivans.com.au

Perth Ambassador Hotel

🔺 P141D2

🏠 196 Adelaide Terrace Perth
Western Australia 6004

☎ 61-8-9325-1455

📠 61-8-9325-6317

💲 130~210달러

🌐 www.ambassadorhotel.
com.au

Miss Maud Swedish Hotel Perth

🔺 P141C2

🏠 97 Murray St. Perth Western
Australia 6000

☎ 61-8-9325-3900

📠 61-8-9221-3225

💲 109~205달러

🌐 www.missmaud.com.au

프리맨틀

Fremantle

프리맨틀(Fremantle)은 호주 서부의 주도(州都)인 퍼스와 19km 떨어져 있다. 인도양과 마주보고 있으며, 호주 최대의 항구 중의 하나이다. 1829년, 영국 해군 찰스 프리맨틀(Charles Fremantle)은 이 지역을 발견하고 프리맨틀이라고 명명하였다.

골드러시는 프리맨틀의 발전을 앞당겼으며, 황금을 찾는 사람들은 이 항구 도시에 수많은 기회를 가져다주었다. 현지인들의 보존 및 복구 노력으로 프리맨틀에는 150개의 국가 관리 건축물이 있다. 수많은 퍼레이드, 문화 행사, 예술 전시, 해외 연주회, 가두 공연, 스포츠 행사 등이 있어 이 도시는 계속 활기차 보인다.

교통 정보

◎다운타운 CAT(Central Area Transportation) 버스

퍼스와 마찬가지로, 프리맨틀 역시 시내에 무료 The Orange CAT(오렌지 버스)을 운행하고 있다. 시내에서는 CAT 버스 정류장을 도처에서 볼 수 있다. 정류장의 표지판 위에 있는 버튼을 누르기만 하면 다음 차가 몇 분 후에 도착할지를 알려준다.

◎The Orange CAT

주간버스는 월요일~수요일 7:00~19:00, 매 10분마다 있으며, 목요일~금요일에는 7:00~15:00, 매 10분마다 차가 있다. 야간 버스는 목요일~금요일 15:00~22:00, 매 8분마다, 토요일, 일요일 및 휴일에는 휴일에는 10:00~00:00, 매 8분마다 버스가 있다.

◎프리맨틀 관광버스(Fremantle Tram)

🕿 61-8-9433-6674

🌐 www.tramswest.com.au

💲 성인 8달러, 두 시간 투어는 14달러,
어린이(6~15세) 3달러, 미취학 어미취학 어린이는 무료.
연장자는 7달러이며, 두 시간 투어 12달러.
패밀리 티켓(대인 2, 소인 2)은 16달러.

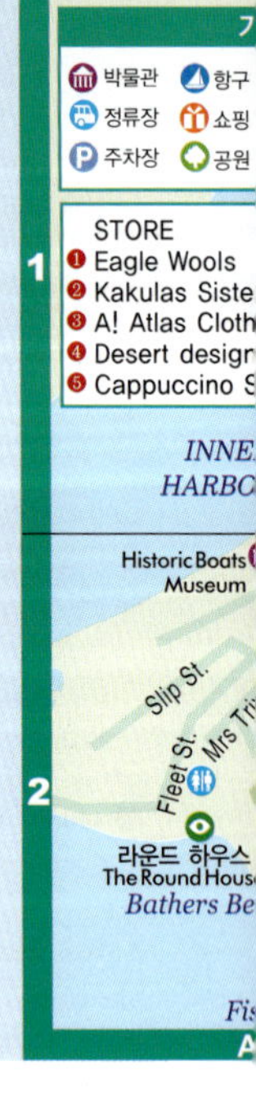

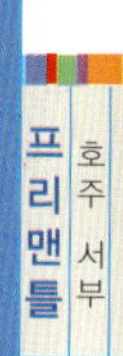

NATIONAL HOTEL
SWAN

B
C
화장실
명소
인포메이션 센터
Victoria Quay Rd.
Victoria Quay
Beach St.
Queen Victoria St.
Quarry St.
Shuffrey St.
Ord St.
Fremantle Arts Centre
Barnett St.
Fremantle History Museum
Elder Pl.
Fremantle Park
Ellen St.
1
Golus Borough St.
Fremantle Station
Adelaide St.
Parry St.
Stirling St.
Ord St.
Bateman St.
Woolstores Shopping Centre
Cantonment St. Point St.
Josephson St.
High St.
Queen St.
Holdsworth St.
Knutsford St.
Hampton Rd.
Phillimore St.
Short St.
Market St.
Newman Ct.
William St.
Henderson St.
Parry St.
Fairbairn St.
프리맨틀 형무소
Fremantle Prison
Bellevue Tce.
Leake St.
Pakenham St.
High St.
Paddy Troy
Fremantle Oval
Fothergill St.
Mouat St.
Henry St.
Bannister St.
Nairn St.
Collie St.
South Tce.
Essex St.
Attfield St.
프리맨틀 마켓
Fremantle Market
2
llenium
La.Croke St.
해양 박물관
Maritime Museum
Norfolk St.
Suffolk St.
Arundel St.
Alma St.
Marine Tce.
Mews Rd.
oat Harbour
B
C
프리맨틀
Fremantle

라운드 하우스
The Round House

◭ P153A2

⌂ 10 Arthur Head, Fremantle

프리맨틀 형무소
Fremantle Prison

◭ P153C2

⌂ 1 The Terrace, Fremantle

☎ 61-8-9336-9200

⏱ 월~일요일 10:00~18:00, 매시 30분마다 가이드 투어가 있으며, 마지막 투어 시간은 17:00.
촛불 투어(Candlelight Tour)는 매주 수요일, 금요일 17:30분에 있으며, 예약을 해야 한다.

🔗 www.fremantleprison.com.au

프리맨틀 형무소(Fremantle

해양박물관
Maritime Museum

◭ P153A2

⌂ Cliff St. Fremantle

☎ 61-8-9431-8444

📠 61-8-9430-5120

⏱ 9:30~17:00

🔗 www.mm.wa.gov.au

일찍이 영국이 호주를 식민 통치하기 전, 17세기에 네덜란드인이 이곳에 먼저 발을 내딛었다. 해양박

☎ 61-8-9336-6897

⏱ 10:30~15:30

💲 성인 2달러, 어린이 무료.

석회석으로 만든 원형 건축물로 프리맨틀에서 가장 오래된 공용 건축물이다. 1831년에 설립되었으며, 스완 강의 첫 번째 형무소로 사용되었다. 호주 서부에서 한때 성행하

Prison)는 면적 14만㎡의 19세기 감옥으로, 1세기 이상의 프리맨틀 역사를 이곳에서 알 수 있다. 1850년에서 1860년 사이에 영국 정부는 호주 서부 식민지에 다리를 건설하거나 항구, 공공도로 등을 축조하기 위해 죄인들을 영국에서부터 이곳까지 후송하였다. 이후, 그들이 스완 강 지역의 식민지 번영을 앞당겼다.

1855년부터 1991년 11월 폐쇄 이전까지 프리맨틀 형무소는 줄곧 호주에서 가장 삼엄한 감옥이었다. 지금은 여행객들이 프리맨틀에 오면 반드시 들러야 할 곳이 되었으며, 특히 두 개의 교회는 관광객이 꼭

물관(Maritime Museum)은 호주에서 유일하게 17세기, 18세기의 네덜

카푸치노 스트리트
Cappuccino Street

◭ P153B2

프리맨틀 시내를 걷다보면 카푸치노 스트리트(Cappuccino Street) 곳곳에 자리 잡은 노천카페에서 풍

였던 고래잡이는 라운드 하우스(The Round House) 아래의 배더스 해변(Bathers Beach)에서 진행되었고, 라운드 하우스 아래에 설치된 통로는 고래잡이 사람들이 제방과 배더스 해변 사이를 왕래하기 편하게 하였다.

현재 라운드 하우스는 프리맨틀의 주요 명소 중 하나가 되었다. 흰색의 독특한 외관의 라운드 하우스는 현지 학생들의 사생대회 및 웨딩 사진 촬영지로 손꼽히고 있다. 지금은 죄인들을 구류했던 곳이라는 흔적을 전혀 찾을 수 없다.

들려야 할 명소이다. 당시 이 교회는 죄인들이 종교 분파와는 상관없이 기도하러 오는 장소였으며, 현지인들이 연회, 음악회, 연극 등을 개최하는 장소로 사용되기도 하였다.

주말이 되면 교회는 결혼식을 거행하기 때문에 형무소 전체가 떠들썩하다. 감옥이라고 해서 비통한 분위기 등은 전혀 없다.

란드 선박의 난파선을 소장하고 있는 박물관이다.

17세기와 18세기 초, 네덜란드 동인도 회사가 강건하던 시기에는 동인도의 자카르타가 무역의 중심이었다. 해양박물관이 소장한 것은 당시 네덜란드 동인도의 Bataiva, Vergulade Draeck, Zuytdorp 및 Zeewijk 등 4척의 잔해 및 자료이다. 모두 동인도로 가던 도중에 호주 서해안에서 좌초된 난파선이다.

수백 년 동안 이 4척의 난파선은 바다에 가라앉아 있었으며, 1960년대에 이르러서야 해양 고고학자들에 의해 발굴 및 연구되었다. 거대한 선체와 정교한 기술 등은 감탄을 금치 못할 정노이며, 이로써 당시 네덜란드의 강력한 국력과 선진 조선 기술을 미루어 짐작할 수 있다.

기는 커피 향에 발길이 돌려지지 않는다.

Cappuccino Street는 사우스 테라스 대로(South Terrace) 위에 있으며, Parry St.과 Market St. 사이에 있다. 양쪽에 위치한 커피숍과

노천카페는 멀리서 찾아온 여유로운 관광객들로 발 디딜 틈이 없다. 커피숍은 각자의 독특한 스타일을 갖고 있으며, 추출된 커피 역시 자기만의 스타일이 있다.

쇼핑

프리맨틀 마켓
Fremantle Market

- P153B2
- 84 South Terrace, Fremantle
- 61-8-9335-2515
- 금요일 9:00~21:00,
  토요일 9:00~17:00,
  일요일 및 휴일 10:00~17:00

프리맨틀 마켓(Fremantle Market)에는 150개의 노점이 있으며, 이들은 아로마 엑기스, 양초, 양모, 인도양의 조개껍질, 수공예품, 목조품, 옷, 보석 및 도자기, 심지어는 신선한 청과류와 해산물까지도 팔고 있다. 가격이 저렴할 뿐만 아니라 있을 것은 다 있기 때문에 Fremantle Market은 호주 서부의 기념품을 구입하기에 최적의 장소이다.

거리 공연을 하는 예술가들은 시장 안의 분위기를 더욱 뜨겁게 만든다. 바에는 언제나 라이브로 노래를 부르는 가수가 있으니 많이 돌아다녀서 피곤하다면 쉬면서 음악을 감상해보자.

아! 아틀라스 클로딩
A! Atlas Clothing!

- P153B2
- 35 Market St., Fremantle
- 61-8-9430-4333
- 61-8-9444-4663
- 월~수요일 10:00~18:00,
  목요일 10:00~21:00,

카쿨러스 시스터
Kakulas Sister

 P153B2

 29–31 Market Street, Fremantle

 61-8-9430-4445

 61-8-9433-1445

 월~금요일 9:00~17:30,
토요일 9:00~17:00,
일요일 12:00~17:00

 Kakulas 가족이 운영하는 건강 식품점으로, 매장 내에는 잡곡, 식용유, 치즈, 통조림 등의 각종 식품들이 가지런하게 진열되어 있다.

 고객들은 보따리에 담겨있는 잡곡 중에서 자기가 원하는 만큼을 덜어내어 무게를 잰 다음 가격을 지불하면 된다. 가격은 저렴한 편이기 때문에 현지인들에게 인기가 높다.

 금~일요일 10:00~18:00

 모퉁이에 있는 애!아틀라스 클로딩(A! Atlas Clothing)을 지나가다 보면 매장 입구에 있는 대담하고 심플한 디자인의 의류가 눈에 들어올 것이다. 이곳에서 판매하는 옷은 전부 현지에서 유행하는 스타일이며, 젊은이들에게 인기 있는 패션이 대부분이다.

 몸에 딱 달라붙는 상의, 눈에 띄는 가죽 재킷, 특이한 모양의 신발 등은 모두 이 매장의 인기 상품이다. 여성 의류, 남성 의류 모두 있으며, 개성 있는 옷과 장신구 등도 이곳에서 찾을 수 있을 것이다.

데저트 디자인
Desert designs

- P153B2
- 114 High St., Fremantle
- 61-8-9430-4101
- 61-8-9336-1287
- 월~금요일 9:00~17:30,
  토요일 9:00~17:00,
  일요일 11:00~17:00

강렬한 선과 화려한 색상이 이 매장의 특징이다. 모든 옷에 그려진 도안은 유명한 호주 원주민 화가 Jimmy Pike의 것이다.

재단은 아주 심플하지만, 독특한 도안과 어울려 진한 호주 스타일의 옷이 탄생되었다. 유명 화가의 그림을 사용하고 있기 때문에 가격은 100~200달러 정도로 비싼 편이다.

밀레니엄
Millenium

- 61-8-9430-4375
- 61-8-9450-3770
- www.swords.net

밀레니엄(Millenium)은 중세 각국의 무기, 즉 무사들의 칼, 서양 검, 중국 검, 도끼, 활, 화살, 방패, 갑옷, 체스 등을 판매하는 무기 전문매장

으로 무기 마니아들의 천국이라고 할 수 있다.

이러한 무기들은 대부분 스페인에서 만든 것인데 그 정교함은 입이 다물어지지 않을 수준이다. 점원에 따르면 거의 2시간마다 도둑이 들어올 정도로 인기가 많다고 한다.

이글 울스
Eagle Wools

- P153B2
- 3 Beach St., Fremantle
- 61-8-9336-2155
- 61-8-9336-2726
- 월~금요일 9:00~17:00,
  토요일 9:30~17:30,
  일요일 10:00~16:00

　호주의 양모는 전 세계적으로 그 이름이 유명하고, 특히 깨끗한 양모는 사람들이 좋아하는 아이템이다. 이곳에서는 호주에서 생산된 양모 카펫, 면 양유, 에뮤 오일, 캥거루 가죽 및 호주 특유의 동물인형 등을 판매하고 있다.

　비록 에뮤의 인기가 캥거루나 코알라에 미치지는 못하지만 그래도 에뮤 오일은 사람 피부에 흡수효과가 가장 좋은 동물 기름이기 때문에 매장 내의 인기 상품이다.

Esplanade Hotel Fremantle

- Corner Marine Terrace and Essex St. Fremantle Western Australia 6160
- 61-8-9432-4000
- 61-8-9430-4539
- 195~480달러
- www.esplanadehotelfreman-tle.com.au

Tradewinds Hotel Fremantle

- 59 Canning Highway East Fremantle Western Australia 6158
- 61-8-9339-8188
- 61-8-9339-2266
- 160~240달러
- www.tradewindshotel.com.au

피너클 사막
The Pinnacles

퍼스에서 북쪽으로 245km 떨어진 곳에 위치한 남붕 국립공원(Nambung National Park)에는 호주에서 가장 뛰어난 자연 경관을 자랑하는 피너클 사막(The Pinnacles)이 있다. 여행사들은 피너클 사막 1일 관광 투어를 운영하고 있다. 아침 7시에 사륜 구동차가 퍼스 시내에 관광객들을 직접 픽업하러 와서 산을 넘고 강을 건너 사막 안의 보석을 찾는 여행을 시작한다.

명소

얀첩 국립공원
Yanchep National Park

관광객들이 제일 먼저 들르는 곳은 얀첩 국립공원(Yanchep National Park)으로, 이 공원에서 가장 인기 있는 것은 코알라이다. 코알라가 울타리 안에 게으르게 늘어져 있는 모습이나, 눈을 뜨는 모습, 몸을 움직이는 것을 보면 관광객들은 탄성을 내지른다.

만약 이것만으로 만족할 수 없다면 약간의 돈을 지불하고 코알라와 사진을 찍으며 먹이를 주는 행복감 등을 느낄 수 있다.

세르반테스 해변
Cervantes

이어서 들르는 곳은 세르반테스 해변(Cervantes)이다. 오염 하나 없는 백사장에서 간단한 야식을 즐기면 행복한 여행이 될 것이다.

맛있는 식사를 하면서 푸른 인도양을 감상하는 것이야말로 인생의 큰 즐거움이라 하겠다. 식사가 끝나면 해변을 거닐거나 수영, 물놀이 등을 할 수 있다.

남붕 국립공원
Nambung National Park

다시 사륜 구동차를 타고 조금 이동하면 남붕 국립공원(Nambung National Park)으로 진입하여 호주 서부의 사막 안에 숨겨진 보물, 피너클 사막에 도착하게 된다. 피너클 사막에 들어오자마자 눈에 보이는 것은 끝없이 펼쳐진 사막과 곳곳의 크고 작은 석회암 기둥이다. 이 석회암 기둥들은 비바람의 풍화작용으로 다양한 모양을 띠게 되었다. 이렇듯 대자연의 신기한 힘은 감탄

교통 정보

호주 서부 현지의 피너클 사막 당일 투어 여행사
◎피너클 4WD 에코투어(Pinnacles 4WD Ecotour)
☎61-8-9336-4992
www.westerngeographic.com.au
⑤성인 104달러, 어린이(13세 이하) 60달러, 우대 티켓 95달러
◎오스트레일리안 퍼시픽 투어(Australian Pacific Tours)
⌂Perth Sightseeing Centre, Perth
☎61-8-9221-4000
F61-8-9221-5477
www.aptours.com.au
⑤성인 119달러, 어린이 73달러, 우대 티켓 115달러
B가능
❗돌아오는 길에는 유람차 탑승.

을 금치 못하게 한다.

랜서린
Lancelin

이 여행의 가장 마지막 관문은 둔 드라이빙(Dune Driving)을 즐길 수 있는 랜서린(Lancelin)이다. 둔 드라이빙은 먼저 사륜 자동차가 가장 높은 모래 언덕 위에 올라간 후, 속도를 더해 아래로 내달리는 것으로, 그야말로 대형 롤러코스터를 탄 것처럼 짜릿함이 넘친다. 또한 모래 언덕을 따라 샌드 보딩(Sand Boarding)을 즐길 수 있는데, 이를 위해서는 사전 준비가 필요하다. 먼저 선글라스를 착용한 후 넘어졌을 때 다치지 않도록 몸에 휴대한 물건들을 치우고, 손수건 등으로 입과 코를 막아야 한다. 바람 소리가 귓가를 스치면 샌드 보딩의 속도감을 더욱 즐길 수 있다.

웨이브 록

Wave Rock

호주 서부 중부 사막에 우뚝 솟은 웨이브 록(Wave Rock)은 하이든 록(Hyden Rock) 북쪽의 일부분이자 가장 기이한 부분이기도 하다. 높이 15m, 길이 110m의 웨이브 록은 거대하게 밀려들어오는 파도와 같은 모양이 상당히 장관을 이룬다. 비록 퍼스와의 거리가 차로 약 5시간 정도 떨어져 있지만, 매년 수많은 사람들이 이곳을 찾아 웨이브 록의 독특한 모습을 보고 돌아간다.

◉ 명소

웨이브 록
Know Wave Rock

웨이브 록(Wave Rock)은 화강암으로 이루어져 있으며, 약 27억 년 전에 형성되었다. 대자연의 힘으로 웨이브 록은 움푹한 형상으로 조각되었다. 게다가 오랜 세월의 물의 침식, 바람의 풍화 작용으로 파도 모양이 되었고, 밤낮의 온도 차이도 이러한 형상을 만드는 데 주요한 원인으로 작용하였다. 전체 침식 과정이 아주 천천히 진행되면서 지금과 같은 장관을 이루게 되었다. 사실 이러한 대자연의 역량은 쉽게 볼 수 있는 것이 아니다.

웨이브 록은 탄소와 수소가 함유

교통 정보

웨이브 록 당일 여행

◎트래블 버그(Travel Bug)

🏠224 Scarborough Beach Road, Doubleview

💲61-8-9204-4600

📠61-8-9204-4700

🕐화요일~토요일 7:00 출발

🌐www.travelbug.com.au

💲성인 85달러, 우대티켓 79달러. 신용 카드 사용 가능.

◎오스트레일리아 퍼시픽 투어(Australia Pacific Tours)

🏠Perth Sightseeing Centre, Perth

💲61-8-9221-4000

📠61-8-9221-5477

🌐www.aptours.com.au

💲성인 119달러, 어린이 73달러, 우대 티켓 115달러

된 빗물을 맞고 표면에 화학 작용이 일어나면서 검은색, 회색, 흑갈색, 커피색, 황토색 등의 선 무늬가 생긴 것으로 이러한 서로 다른 색의 선은 웨이브 록에 생동감을 부여하여 더욱 세차게 밀려들어오는 파도의 모습으로 만들었다.

오랫동안 호주 서부 중부의 사막에 묻혀 있었으나, 1963년에 Jay Hodge라는 사진작가가 웨이브 록을 찍어 뉴욕의 국제 사진 대회에서 상을 받고, 그 후 『내셔널 지오그래픽』의 표지 사진이 되면서 일순간에 유명세를 타게 되었다.

그 후 웨이브 록은 사진작가들의 선망의 장소가 되었다.

웨이브 록의 각종 색깔의 무늬를 잘 잡아내는 비결은 바로 오후 시간을 선택하는 것이다. 이는 이때가 하루 중에 선 무늬가 가장 선명하게 드러나는 시간이기 때문이다.

호주
자유여행정보
Information

여권 발급 요령

출국을 하려면 누구나 여권을 발급받아야 한다. 여권에는 1년의 유효기간 동안 1회의 해외여행이 가능한 단수여권과 10년의 유효기간 동안 횟수에 제한 없이 해외여행을 할 수 있는 복수여권이 있다. 특별한 사유가 없는 여행자는 해외여행을 할 때마다 여권을 발급받을 필요 없이 복수여권을 발급받는 것이 경제적이다.

2005년 9월 30일 이전에 발행된 구여권은 유효기간 동안 사용이 가능하다. 신여권 제도로 바뀌면서 기존의 유효기간 연장 제도가 폐지되었으므로 연장 가능한 구여권에 대해 신여권 발급 신청서를 작성하면 5년 유효기간의 신여권을 발급받을 수 있다.

여권 발급 구비서류

- 여권 발급 신청서
- 최근 3개월 이내에 찍은 여권사진(3.5cm X 4.5cm)
- 주민등록등본 1부
- 주민등록증 또는 운전면허증
- 대리신청의 경우 본인의 위임장과 주민등록증 및 그 사본과 대리인의 주민등록증이 필요하다.
- 만 18세 미만의 경우 부모의 여권발급동의서 및 동의인의 인감증명서가 필요하다.

여권 발급비용

- 복수여권 – 55,000원
- 단수여권 – 20,000원
- 구여권 ⇨ 신여권(5년) – 15,000원

여권 발급기관

- 서울 : 종로구청, 노원구청, 서초구청, 영등포구청, 동대문구청, 강남구청, 송파구청
- 지방 : 각 시청과 도청의 여권과

비자

3개월 이내 여행이나 업무상의 목적으로 호주를 방문하려면 ETA 전

산비자(전산방문비자)를 발급받아야 한다.

ETA는 별도의 신청서나 비용이 들지 않아 사실상 무비자라고 생각 할 수 있겠지만, 사실 비자가 전산으로 발급되는 것으로, 여행사나 항공사에서 항공권 예매 시 신청할 수 있으니 절차가 복잡할 것이라는 부담은 버려도 좋겠다.

비자 신청 절차는 간단하지만, 비자 발급에 문제가 생길 수도 있으므로 출발 최소 5일 전에는 ETS 발급 신청을 하는 것이 좋다. 3개월 이하 단기 어학연수생은 관광비자로 호주 현지에서 교육 받을 수 있지만, 직업 활동은 절대 할 수 없다.

환율

환율은 1$(호주 달러) = 930.5 원 (2008년 4월 17일 기준)이며 지폐와 동전을 함께 사용한다.

팁

일반적으로 호주에는 팁을 받는 문화가 없지만 서비스에 만족했다면 2달러(AUD) 정도를 주면 된다. 일류 레스토랑의 경우에는 청구 금액에 10%의 봉사료가 추가된다.

전압

전압은 240볼트 50헤르츠의 교류 전류이며, 삼공 콘센트이다.

시차

한국과의 시차는 주에 따라 다르지만 우리나라보다 대략 1시간 정도가 빠르다. 또 영토가 넓기 때문에 지역에 따라서도 30분에서 3시간의 차이가 있다.

10월의 마지막 일요일부터 3월의 첫 번째 일요일까지 서머타임이 적용되는 시기에는 평상시보다 시계를 1시간 정도 앞당겨야 한다.

기후

호주는 남반구에 위치하고 있어 우리나라와 계절이 반대이다. 또 영토가 넓어서 기후가 지역에 따라 많은 차이가 있다. 예를 들면 호주의 수도 캔버라로부터 조금 내륙에 있는 스노우위 마운틴에서는 스키를 즐길 수 있지만, 시드니의 기온은 10~15도, 케언스의 기온은 15~24도로 따뜻한 날씨가 지속된다. 따라서 여행 시기와 기후를 잘 알아보고 철저한 준비를 해야 한다.

GST(부가가치세)와
TRS(여행자 환급 제도)

GST는 상품 및 서비스에 대한 세금(Goods and Service Tax)으로 관광객들은 GST 상점에서 300달러(동일 상점, 동일 날짜일 필요는 없음) 이상을 구입하면 출국할 때 여행자 환급제도(The Tourist Refunds Scheme, TRS)를 이용할 수 있다.

세금 환급을 신청할 때에는 반드시 구매한 제품을 보여주고, 호주 국경 밖으로 가지고 나간다는 것을 증명해야 한다. TRS에는 주류 및 향수(이 제품들은 공항 면세점에서 구입 가능), GST 면세품(모든 상점이 GST 상점은 아님), 호주 내에서 소비한 물품(음료, 음식 등) 및 안전상의 이유로 비행기에 실을 수 없는 물품(TRS를 신청하려는 물품은 반드시 여행자 가방에 휴대해야 한다.) 등은 제외된다.

TRS 세금 환급 한도는 일반적으로 총액의 11%까지이며, 만약 환급액이 200달러(AUD) 이하인 경우에는 현장에서 바로 환급받을 수 있다. 200달러 이상인 경우에는 수표, 신용카드, 호주 통장 계좌 등으로 환급된다. 환급 신청 시에는 구입한 물품, 상점에서 준 송장(Tax Invoice), 여권 및 국제선 항공권 등을 준비해야 한다. TRS 데스크는 각 공항의 출국장에 있으며, 여행자들은 체크인 이후에 TRS 처리가 가능하다. 비행기가 이륙하기 30분 전까지는 환급 신청이 가능하지만, 사람들이 많아 처리에 어려움이 있을 수 있기 때문에 처리할 수 있는 시간을 여유롭게 남겨두는 것이 안전하다.

이외에도 국제선 항공권은 GST를 징수하지 않지만, 호주 국내선은 GST를 징수한다. 만약 두 곳 이상의 도시를 여행할 계획이라면 호주에 가기 전에 국내선 티켓을 구입하는 것을 추천한다.

또한, 현지 여행 시의 비용, 예를 들어 호텔 숙박비, 투어 비용, 현지 교통비, 식사비 등에는 모두 10%의 GST가 포함되어 있다. 단체여행에 참가한 경우에는 여행사의 상품 비용에 GST가 포함되어 있기 때문에 별도의 추가 세금을 낼 필요는 없다.

비행정보

대한항공, 아시아나항공, 호주 항

공사인 콴타스항공에서 호주로 가는 직항 편을 운행하고 있다. 타이 항공과 캐세이 퍼시픽은 다른 도시를 경유하여 호주로 가는데 경유하는 항공편을 이용하면 저렴한 가격에 항공권을 구입할 수 있다. 케언스는 호주의 주요 도시들 중에서 한국과 가장 가까운 곳으로 8시간 정도면 도착할 수 있다. 대부분의 항공기들이 케언스를 경유해서 시드니로 간다. 케언스 국제공항은 시내에서 8Km 정도 떨어져 있으며 공항버스가 1시간 간격으로 시내까지 운행된다. 시드니 국제공항은 시드니에서 10Km 외곽에 떨어진 곳에 위치하고 있으므로 시내로 들어갈 때에는 30분 간격으로 운행되는 공항버스를 이용하면 편리하다.

도시 교통

시드니 - 멜버른

◎ 비행기

시드니에서 비행기를 타고 멜버른에 가는 것은 약 1시간 20분이 소요된다. 호주 항공은 매일 평균 적어도 20편의 항공편이 있으며, 편도 요금은 약 276달러(AUD) 정도이다.

◎ 기차

시드니에는 매일 멜버른으로 가는 기차가 있으며, 편도 특등석 침대칸(이코노미 석은 없음)은 약 225달러, 특등석 좌석은 130달러 정도이며, 총 13시간이 소요된다.

◎ 버스

시드니에서 그레이하운드 버스(Greyhound)를 타고 멜버른으로 가면 약 18시간 30분이 소요되며, 다양한 우대 티켓으로 표를 구매할 수 있다. 예를 들어 30일 유효 티켓의 경우에는 7일 동안 버스를 탈 수 있으며 요금은 499달러이다. 호주 동남부 패스의 경우에는 시드니, 멜버른, 애들레이드 등의 도시를 운행하며, 3개월 유효 티켓이 320달러 정도이다. 거리별 패스의 경우에는 2000km는 185달러, 3000km는 255달러, 4000km는 325달러 정도이다.

퍼스 – 프리맨틀

◎ 기차

Transperth 기차는 퍼스와 프리맨틀을 오가는 가장 편리한 교통수단이다. 전체 여정은 약 30분 정도이며, 기차표는 플랫폼의 기기에서 구입 가능하지만 동전만 사용 가능하다. 티켓 가격은 구역에 따라 결정되는데, 퍼스를 중심으로 외곽을 8개의 구역으로 나눈다. 1구역의 성인 가격은 1.8달러이고, 프리맨틀이 속하는 2구역은 2.70달러이다. 1~4구역 사이의 기차표를 구입한 경우에는 1시간 30분 이내에 반드시 사용하여야하고, 그 이후에는 효력이 상실되며, 철도 검사원이 수시로 차

표를 검사한다. 또한 멀티 라이드 티켓(Multi Ride Ticket)도 구입할 수 있는데, 이 티켓을 이용하면 버스, 기차, 페리 등을 모두 탑승할 수 있다.

◎버스

🕐 6:00~23:30

퍼스와 프리맨틀을 왕복하는 버스에는 105, 106, 111, 151번 버스가 있다. 버스에 탑승한 후 기사에게 티켓을 구입하면 되고, 가능하면 동전이나 소액권을 준비하도록 한다. 버스 티켓 역시 기차, 페리 등에서 사용할 수 있다.

주요 기관 영업 시간 및 휴무일

- 은행 : 월~목요일 9:30~16:00, 금요일 9:30~17:00
- 우체국 : 월~금요일 9:30~17:00
- 식당 : 7일간 영업하며, 영업시간은 12:00~15:00, 17:30~22:00 (주말에 휴업인 식당도 있음)
- 박물관 : 월~금요일 10:00~17:00

공휴일

- New Year's Day (1월 1일)
- Australia Day(1월 26일)
- Canberra Day(3월 셋째 주 월요일)
- Anzac Day(4월 5일)
- Queen's Birthday (6월 둘째 주 월요일)
- Labour Day (10월 첫째 주 월요일)
- Christmas Day (12월 25일)
- Boxing Day (12월 26일)

재외공관

- 주 호주 한국대사관
61-2-6270-4100
61-2-6273-4839
캔버라 소재

- 주 시드니 총영사관
61-2-9210-0200
61-2-9210-0202
시드니 소재

- KOTRA 시드니 무역관
61-2-9247-3369
61-2-9251-5826
시드니 소재

- KOTRA 멜버른 무역관
61-3-9655-8973
61-3-9859-7974
멜버른 소재

- 한국관광공사시드니지사
61-2-9252-4147
61-2-9251-2104
시드니 소재

재외동포

- 캔버라한인회
61-2-6257-9277
61-2-6241-2279

캔버라소재

• 시드니한인회
61-3-9840-2113
61-3-9840-2174
시드니소재

• 빅토리아주한인회
61-3-9336-7538
61-3-9336-7538
멜버른소재

• 퀸즐랜드주한인회
61-7-3224-5699
61-7-3224-6154
브리즈번소재

• 골드코스트한인회
61-7-5570-1434
61-7-5570-1408
골드코스트소재

• 서부호주한인회
61-8-9358-6077
61-8-9368-0677
퍼스소재

• 남부호주한인회
61-8-8369-0474
61-8-8336-0246
애들레이드소재

대사관
근무일 : 월~금요일
          (토, 일요일 휴무)
근무시간 : 9:00~17:00
(점심시간 12:30~13:30)
☎ 61-2-6270-4100
⌂ 113 Empire Circuit Yarralumla
   ACT(캔버라) 2600 Australia

호주 여행의 머스트 해브 아이템
1. 호주 여행 시 필수적으로 갖추어
   야 할 것
• 선글라스와 자외선 차단제

호주는 자외선이 강하기 때문에 매년 피부 노출로 인한 피부암으로 사망하는 사람이 많다.
관광객은 하루 종일 돌아다니는 경우가 많으므로 선글라스와 모자, 자외선 차단제는 잊지 말고 챙겨야 한다.

• 비상약
호주에서는 의사의 처방전 없이는 약을 팔지 않으므로 평소에 복용하는 약과 감기약, 소화제, 진통제, 바르는 연고, 1회용 밴드 등을 준비하는 것이 좋다.

• 카메라 메모리와 배터리
호주는 우리나라보다 전자제품이 비싸다. 카메라 메모리나 배터리 등은 충분히 준비하는 것이 저렴한 여행의 지름길임을 명심하자.

• 전자제품 충전기 사용을 위한 아답터 준비

호주는 우리나라와 전류방식이 다르기 때문에 시중에 전기제품 전문점에 문의하여 멀티 어댑터를 반드시 준비하는 것이 좋다. 공항에서도 판매는 하지만 시중보다 가격이 비싸기 때문에 사전 준비가 필요하다, 현지에서도 어댑터를 판매하고 있지만 가격이 우리나라보다 2배정도 비싸다.

그 밖의 필수 아이템
여행자보험
여행자보험이란 여행을 끝마치고 귀국할 때까지 생긴 사고에 대한 보상을 해주는 일회성 보험이다. 보험신청은 보험회사 화재부와 여행사를 통해 할 수 있으며, 공항의 여행보험 판매계에서 출국 직전에도 쉽게 할 수 있다. 보상금에 따라 보험금의 차이가 있지만 보통 2만 원 가량의 보험금이 지출된다.

국제운전 면허증

해외여행을 위한 여권 소지자는 약간의 수수료와 간단한 절차를 통해 국제 운전면허증을 국내에서 발급받을 수 있으며, 해외에서 사용할 수 있다.

- 발급장소 : 거주지 관할 운전면허 시험장
- 구비서류 : 운전면허증, 여권, 여권사진 2매
- 유효기간 : 1년

국제학생증

만약 학생인 경우에는 국제학생증(International Student Identity Card)을 발급받아 떠나는 것이 좋다. 국제학생증을 제시하면 박물관, 미술관, 극장, 레스토랑 등에서 여러 가지 할인혜택을 받을 수 있다. 한국에서 국제학생증을 발급받지 못했다면 현지에서 발급받을 수 있다. 국제학생증은 대부분의 국가에서 취급하기 때문에 발급받는 장소만 알고 있다면 오히려 우리나라보다 간편하게 즉석에서 받을 수도 있다.

- 발급장소 : ISEC 국제학생증 한국 본사나 서울 종각역 근처 대부분 여행사에서 발급가능
- 구비서류 : 재학증명서, 신분증, 여권사신 1매
- 발급비용 : 14,000원
- 소요시간 : 접수 후 2일 이내 발송

신용카드

해외여행을 갈 때에는 사용할 일이 없더라도 만약을 대비해 신용카드를 가져가는 것이 좋다. 신용카드는 휴대가 간편하고 분실했을 경우 즉시 신고하면 보상받을 수 있다는 장점 뿐만 아니라 카드 종류에 따라 마일리지나 포인트 적립을 받아서 상품이나 현금으로 사용하는 등 여러 가지 혜택을 받을 수

있기 때문이다.

여행자수표 (T/C)

여행자수표는 현금 대신 사용할 수 있고 한도가 있으므로 사용 예산을 조절할 수 있다. 현지 은행에서 현금으로 교환 가능하며 환율이 현금보다 유리하다는 장점이 있다. 또한 분실/도난시 재발급을 받을 수 있어 안정성을 보장받을 수 있다. 하지만 모든 곳에서 사용할 수 있는 것은 아니며 발행회사의 환전소가 아닐 경우 수수료를 물게 된다는 단점도 있다. 발행회사는 AMEX와 VISA 두 곳이 있고 국민은행이나 외환은행에서 발급받을 수 있다. 여행자수표는 발급 즉시 서명하고 사용할 때 다시 서명해야 하며, 서명란 두 곳이 모두 서명되어 있으면 사용할 수 없다.

옷 사이즈 조견표			
Korea	AUS	UK	US
44	6	6-8	0-2
55	8	8-10	4-6
66	10	12-14	8-10
77	12	16-18	12-14
88	14	20-22	16-18

신발 사이즈 조견표			
Korea	AUS	UK	US
230	5	4	6
235	5.5	4.5	6.5
240	6	5	7
245	6.5	5.5	7.5
250	7	6	8
255	7.5	6.5	8.5
260	8	7	9
265	8.5	7.5	9.5
270	9	8	10
275	9.5	8.5	11.5

여행 회화

Travel Conversation

출국과 입국

■ 기내에서

이 좌석이 어디 있는지 알려주시겠어요?
Could you help me to find my seat, please?
쿠 쥬 헬프 미 투 파인드 마이 씻, 플리즈?

탑승권을 보여 주시겠습니까?
May I see your boarding pass?
메아이 씨 유어 보딩 패스?

저와 자리를 바꿔주시겠어요?
Do you mind changing your seat with me?
두 유 마인드 체인징 유어 씻 위드 미?

음료는 무엇으로 하시겠습니까?
What would you like to drink?
왓 우 쥬 라익 투 드링크?

콜라 한 캔 주세요.
Coke, please.
코크 플리즈.

한국 잡지나 신문 있어요?
Do you have Korean magazines or news-papers?
두 유 해브 코리안 매거진스 오어 뉴스페이펄스?

뭐 마실 것 좀 주시겠어요?
Can I have something to drink?
캔 아이 해브 썸띵 투 드링크?

펜 좀 빌릴 수 있을까요?
Can I borrow a pen?
캔 아이 바뤄우 어 펜?

실례합니다만 저의 자리에 앉아계신 것 같은데요.
Excuse me. I think you're sitting in my seat.
익스큐즈 미. 아이 띵크 유아 씨링 인 마이 씻.

얼마나 더 가야합니까?
How many more hours to go?
하우 매니 모어 아월스 투 고?

■ 입국심사

호주 방문이 처음이십니까?
Is it your first visit to Australia?
이즈 잇 유어 퍼스트 비짓 투 오스트레일리아?

방문 목적이 무엇입니까?
What's the purpose of your visit?
왓츠 더 퍼포즈 오브 유어 비짓?

관광입니다.
For sightseeing.
포 싸이트씨잉.

돈을 얼마나 소지하고 계십니까?
How much money do you have?
하우 머취 머니 두 유 해브?

약 500 달러를 가지고 있습니다.
I have about $ 500.
아이 해브 어바웃 화이브 헌드뤠드 달러스.

여권과 입국신고서를 볼 수 있을까요?
Can I see your passport and landing card, please?
캔 아이 씨 유어 패스포트 앤 랜딩 카드, 플리즈?

여기 있습니다.
Here they are.
히어 데이 아.

이 곳에 친척이 있습니까?
Do you have any relatives here?
두 유 해브 애니 렐러티브스 히어?

네. 삼촌이 시드니에 살고 있습니다.
Yes. My uncle is living in Sydney.
예스. 마이 엉글 이스 리빙 인 시드니.

아니오. 없습니다.
No, I don't have any.
노, 아이 돈 해브 애니.

호주에 얼마 동안 머물 예정입니까?
How long are you going to stay in Australia?
하우 롱 아 유 고잉 투 스테이 인 오스트레일리아?

2주간 머물 예정입니다.
I'm going to stay for two weeks.
아임 고잉 투 스테이 포 투 윅스.

어디에서 머물 예정이십니까?
Where are you going to stay?
웨얼 아 유 고잉 투 스테이?

힐튼 호텔입니다.
At the Hilton Hotel.
앳 더 힐튼호텔.

신고할 물건이 있습니까?
Do you have anything to declare?
두 유 해브 애니띵 투 디클레어?

신고할 게 없습니다.
I have nothing to declare.
아이 해브 낫띵 투 디클레어.

가방에 뭐가 들어있는지 볼 수 있나요?
Can I see what's in your bag, please?
캔 아이 씨 왓츠 인 유어 백, 플리즈?

담배 한 보루가 있는데 제가 피우려고 샀습니다.
I've got a pack of cigarette. That's for my personal use.
아이브 갓 어 팩 오브 시가렛. 댓츠 포 마이 퍼스널 유스.

이 물건의 가격이 대략 얼마나 됩니까?
What's the approximate value of it?
왓츠 디 어프록시밋 밸류 오브 잇?

250달러를 주고 샀습니다.
I paid $ 250 for it.
아이 패이드 투헌드뤠드 앤 휘프티 달러스 포 잇.

개인적 용도로 가져왔습니다.
I brought it for my personal use.
아이 브로웃 잇 포 마이 퍼스널 유스.

관세 20달러를 내야 합니다.
You have to charge you a $ 20 duty for that.
유 해브 투 차쥐 어 트웨니 달러 듀리 포 댓.

과일이나 야채 혹은 동물 등이 있습니까?
Do you have any fruit or vegetables or animals?
두 유 해브 애니 프룻 오어 베쥐터블스 오어 애니멀스?

그것을 가지고 입국하는 것은 금지되어 있습니다.
You are not allowed to bring them in.
유 아 낫 얼라우드 투 브링 뎀 인.

■공항에서

이걸 달러로 환전할 수 있을까요?
Could you exchange this for dollars, please?
쿠 쥬 익스체인쥐 디스 포 달러스, 플리즈?

이 신고서를 어떻게 작성하는지 알려 주시겠어요?
Would you show me how to fill out this form, please?
우 쥬 쇼우 미 하우 투 필 아웃 디스 폼, 플리즈?

출구가 어느 쪽이죠?
Where's the exit?
웨어즈 디 에그짓?

관광안내소가 어디 있는지 아세요?
Do you know where the tourist information center is?
두 유 노 웨어 더 투어뤼스트 인포메이션 센터 이스?

환율이 어떻게 됩니까?
What's the exchang rate?
왓츠 디 익스체인쥐 뤠잇?

값싼 호텔 하나 추천해주시겠어요?
Could you recommend a cheap hotel?
쿠 쥬 레코멘드 어 칩 호텔?

예약 좀 해 주시겠어요?
Could you make a reservation for me, please?
쿠 쥬 메이크 어 레져베이션 포 미, 플리즈?

공항 셔틀버스를 어디에서 탈수 있나요?
Where can I take an airport shuttle bus?
웨어 캔 아이 테이크 언 에어포트 셔틀 버스?

시내지도 한 장 주시겠어요?
May I have a city map, please?
메아이 해브 어 씨리 맵, 플리즈?

관광안내책자 한 권 주세요.
Please, give me a tourist brochure.
플리즈, 깁 미 어 투어뤼스트 브로슈어.

약도를 좀 그려 주시겠어요?
Could you draw me a map, please?
쿠 쥬 드뤄우 미 어 맵, 플리즈?

버스 시간표 한 장 주세요.
Please, let me have a bus timetable.
플리즈, 렛 미 해브 어 버스 타임테이블.

지하철 노선도 있나요?
Do you have a subway route map?
두 유 해브 어 썹웨이 루트 맵?

교통수단의 이용

■Bus 이용

버스정류장이 어디죠?
Where's the bus stop?
웨어즈 더 버스 스탑?

길 건너에 있습니다.
It's on the opposite side of the road.
잇츠 온 디 오퍼짓 사이드 오브 더 로드.

요금이 얼마죠?
How much is the fare?
하우 머취 이스 더 훼어?

어른 한 명에 3달러입니다.
It's AU$ 3 for an adult.
잇츠 쓰리 달러 포 언 어덜트.

버스시간표를 어디서 구할 수 있나요?
Where can I get a bus timetable?
웨어 캔 아이 겟 어 버스 타임테이블?

1500번 버스를 어디서 타야합니까?
Where can I catch the number 1500 bus?
웨어 캔 아이 캣취 더 넘버 휘프틴헌드뤠드 버스?

어디서 내려야하나요?
Where should I get off?
웨어 슈드 아이 겟 오프?

갈아타야 하나요?
Do I have to transfer?
두 아이 해브 투 트렌스훠?

버스를 잘못 탄 것 같아요.
I think I took the wrong bus.
아 띵크 아 툭 더 롱 버스.

다음 버스는 몇 시죠?.
When's the next bus?
웬즈 더 넥스트 버스?.

어느 버스가 기차역을 지나가나요?
Do you know which bus goes by the train station?
두 유 노 위치 버스 고즈 바이 더 트뤠인 스테이션?

박물관 앞에서 내려주세요.
Drop me off in front of the Museum, please.
드롭 미 오프 인 프론트 오브 더 뮤지엄, 플리즈.

박물관까지 몇 정거장 남았나요?
How many stops do I have left to the Museum?
하우 매니 스탑스 두 아이 해브 레프트 투 더 뮤지엄?

여섯 정거장 남았어요.
Six more stops to go.
씩스 모어 스탑스 투 고.

패디스 마켓에 가려면 어떤 버스를 타야하나요?
Which bus should I take to get to Paddy's Market?
위치 버스 슈드 아이 테익 투 겟 투 패디스 마켓?

45번 버스를 타세요.
Take the number 45 bus.
테익 더 넘버 포리 화이브 버스.

■Taxi 이용

택시 승강장이 어디입니까?
Where is a taxi stand?
웨어 이즈 어 택시 스탠드?

트렁크 좀 열어주시겠어요?
Could you open the trunk, please?
쿠 쥬 오픈 더 트렁크, 플리즈?

어디로 가십니까?
Where would you like to go?
웨어 우 쥬 라익 투 고?

이 주소로 데려다 주세요.
Take me to this address, please?
테익 미 투 디스 어드뤠스, 플리즈?

공항으로 급히 가야합니다.
I'm in a hurry to go to the airport.
아임 인 어 허뤼 투 고 투 디 에어포트.

기본요금이 얼마죠?
What's the basic rate?
왓츠 더 베이직 뤠잇?

공항까지 얼마나 걸릴까요?
How long does it take to go to the airport?
하우 롱 더즈 잇 테익 투 고 투 디 에어포트?

가장 빠른 길로 가주세요.
Please, take the shortest way.
플리이즈, 테이크 더 쑈리스트 웨이.

여기서 내려주세요.
Stop here, please.
스탑 히어, 플리즈.

직진해서 세 블록만 가주세요.
Just go straight three blocks, please.
저스트 고 스트뤠잇 쓰뤼 블락스, 플리즈.

잔돈은 그냥 가지세요.
Keep the change.
킵 더 체인쥐.

잔돈이 없습니다.
I have no change.
아이 해브 노 체인쥐.

■렌트카 이용

차 한 대 렌트하고 싶습니다.
I'd like to rent a car, please.
아이드 라익 투 렌트 어 카, 플리즈.

어떤 차를 원하십니까?
What kind of car would you like?
왓 카인드 오브 카 우 쥬 라익?

자동차 목록을 보여주시겠어요?
Can I see your car list?
캔 아이 씨 유어 카 리스트?

세단 오토매틱으로 부탁합니다.
A sedan with an automatic Transmission, please.
어 세단 위드 언 오토메틱 트렌스미션, 플리즈.

수동 기어로 부탁합니다.
I'd like a car with a standard transmission, please.
아이드 라익 어 카 위드 어 스텐다드 트렌스미션, 플리즈.

보험이 포함되었나요?
Does it include insurance?
더즈 잇 인클르드 인슈어런스?

종합보험으로 해주세요.
Full insurance, please.
풀 인슈어런스, 플리즈.

하루에 얼마입니까?
How much is the rate per day?
하우 머취 이즈 더 레잇 퍼 데이?

얼마동안 쓰실 거죠?
How long will you need it?
하우 롱 윌 유 니드 잇?

15일간 렌트하려고요.
I'll rent it for 15 days.
아일 렌트 잇 포 휘프틴 데이즈.

다음 달 말까지 필요해요.
I need it until the end of next month.
아이 니드 잇 언틸 디 엔드 오브 넥스트 먼쓰.

그것으로 하겠습니다.
Ok. I'll take it.
오케이 아일 테익 잇.

렌트 전에 차를 한 번 보고 싶습니다.
I'd like to see the car before I rent it.
아이드 라익 투 씨 더 카 비포 아이 렌트 잇.

■ 지하철 이용

이 역이 무슨 역이죠?
What stop are we at?
왓 스탑 아워 앳?

다음이 무슨 역이죠?
What stop is next?
왓 스탑 이스 넥스트?

가장 가까운 전철역이 어디인가요?
Where's the nearest subway station?
웨어즈 더 니어뤼스트 썹웨이 스테이션?

시내로 가려면 어떤 라인을 타야하나요?
Which line should I take to go downtown?
위치 라인 슈드 아이 테익 투 고 다운타운?

막차가 몇 시죠?
What time is th last train?
왓 타임 이즈 더 래스트 트뤠인?

이 라인의 종착역이 어디입니까?
What station is the end of this line?
왓 스테이션 이즈 디 엔드 오브 디스 라인?

어느 역에서 내려야 하나요?
Which station should I get off at?
위치 스테이션 슈드 아이 겟 오프 앳?

다음 역에서 내리세요.
Get off at the next station.
겟 오프 앳 더 넥스트 스테이션.

그린 라인을 타려면 어디로 가야하나요?
Where should I go to take the Green Line?
웨어 슈드 아이 고 투 테익 더 그린 라인?

시청에 가려면 어디서 갈아타나요?
Where should I transfer to get to the City Hall?
웨어 슈드 아이 트랜스퍼 투 겟 투 더 씨리홀?

박물관으로 가려면 몇 번 출구로 나가야하나요?
Which exit should I take for the museum?
위치 에그짓 슈드 아이 테익 포 더 뮤지엄?

B-4번 출구로 나가세요.
Take the B-4 exit.
테익 더 비-포 에그짓.

■길 묻기

길을 잃었어요.
I'm lost.
아임 로스트.

이 길의 이름은 뭐죠?
What's the name of this street?
왓츠 더 네임 오브 디스 스트릿?

이 근처에 백화점이 있나요?
Is there a department store near by?
이스 데얼 어 디파트먼트 스토어 니얼 바이?

이미 지나왔어요.
You've come too far.
유브 컴 투 파.

오페라 하우스 가는 길 좀 가르쳐주시겠어요?
Could you tell me the way to the Opera House?
쿠 쥬 텔 미 더 웨이 투 더 오페라 하우스?

공중전화가 어디 있습니까?
Where can I find a public phone?
웨어 캔 아이 파인드 어 퍼블릭 폰?

다음 신호등에서 오른쪽으로 가세요.
Turn right at the next traffic light.
턴 롸잇 앳 더 넥스트 트뢰픽 라잇.

저도 이 근방의 지리를 잘 몰라요.
I just don't know the way around here.
아이 저스트 돈 노 더 웨이 어롸운 히어.

다음 모퉁이에서 우측으로 돌아가세요.
Turn left at the next corner.
턴 레프트 앳 더 넥스트 코너.

이 길을 따라가세요.
Just go along this street.
저스트 고 어롱 디스 스트릿.

소방서 건너편에 있어요.
It's across the street from the fire house.
잇츠 어크로스 더 스트릿 프롬 더 파이어 하우스.

경찰에게 물어보는게 좋겠네요.
You'd better ask the police officer.
유드 베러 애스크 더 폴리스 오피서.

이 지도에서 제가 있는 곳이 어디죠?
Where on this map am I?
웨어 온 디스 맵 앰 아이?

여기서 오페라 하우스까지 먼가요?
Is Opera House far from here?
이즈 오페라 하우스 파 프롬 히어?

호텔에서

■호텔 예약과 체크인

예약을 하고 싶은데요.
I'd like to make a reservation, please.
아이드 라익 투 메이크 어 레저베이션, 플리즈.

이틀간 묵을 2인실 하나를 예약하고 싶은데요.
I'd like to book a twin room for two nights.
아이드 라익 투 북 어 트윈 룸 포 투 나잇츠.

언제 도착하시나요?
When do you arrive?
웬 두 유 어롸이브?

1월 13일 오후에 도착할 겁니다.
I'll arrive there on the 13th of January in the afternoon.
아일 어롸이브 데어 온 더 썰틴스 오브 재뉴어뤼 인 디 앱터눈.

얼마 동안 묵을 예정이십니까?
How long will you stay?
하우 롱 윌 유 스테이?

3일간 묵을 예정입니다.
I'll stay for 3 nights.
아일 스테이 포 쓰뤼 나잇츠.

이준하라는 이름으로 예약을 했습니다.
I have a reservation under the name of Jun Ha Lee.
아이 해브 어 뤠저베이션 언더 더 네임 오브 준하 리.

예약 확인서를 보여주시겠습니까?
May I see your confirmation slip, please?
메아이 씨 유어 컨훰매이션 슬립, 플리즈?

성함을 말씀해 주시겠습니까?
May I have your name, please?
메아이 해브 유어 네임, 플리즈?

죄송합니다. 모두 예약이 끝났습니다.
I'm sorry, rooms are all booked up.
아임 쏘리. 룸스 아 올 북트 업.

숙박카드를 작성해 주시겠습니까?
Could you fill out the registration form, please?
쿠 쥬 휠 아웃 더 뤠지스트뤠이션 폼, 플리즈?

어떻게 작성하는지 가르쳐주시겠습니까?
Could you tell me how to write it, please?
쿠 쥬 텔 미 하우 투 롸잇 잇, 플리즈?

여기에 성함과 국적, 그리고 여권번호를 적으시면 됩니다.
Just write your name and nationality, and also your passport number here.
저스트 롸잇 유어 네임 앤 내셔널리티, 앤 올소 유어 패스포트 넘버 히어.

어떤 방을 원하십니까?
What kind of room would you like?
왓 카인드 오브 룸 우 쥬 라이크?

전망이 좋은 2인실로 부탁합니다.
I'd like a double room with a nice view.
아이드 라이크 어 더블 룸 위드 어 나이스 뷰.

방을 먼저 볼 수 있을까요?
Can I see the room first?
캔 아이 씨 더 룸 훨스트?

체크인 해주세요.
I'd like to check in, please.
아이드 라익 투 체크인, 플리즈.

하룻밤 숙박료가 얼마죠?
How much for one night?
하우 머취 포 원 나잇?

더 싼 방 있나요?
Do you have anything cheaper?
두 유 해브 애니띵 칩퍼?

아침식사가 포함된 요금인가요?
Does this rate include breakfast?
더즈 디스 뤠잇 인클루드 브렉퍼스트?

■ **호텔 서비스**

룸서비스를 어떻게 부르죠?
How can I call room service?
하우 캔 아이 콜 룸 서비스?

룸서비스가 몇 시에 끝나나요?
What time does room service stop serving?
왓 타임 더즈 룸 서비스 스탑 서빙?

서울로 국제전화를 걸고 싶습니다.
I'd like to make a call to Seoul, Korea.
아이드 라익 투 메이크 어 콜 투 서울 코리아.

6시에 모닝콜 좀 해주세요.
I'd like to get a wake-up call at 6:00.
아이드 라익 투 겟 어 웨이크-업 콜 앳 씩스.

귀중품을 여기에 맡길 수 있을까요?
Can I keep my valuables here?
캔 아이 킵 마이 밸류어블스 히어?

세탁 서비스가 가능한가요?
Do you have a laundry service?
두 유 해브 어 론드뤼 서비스?

팁입니다.
Here's your tip.
히얼스 유어 팁.

여기 한국어를 할 줄 아는 사람이 있나요?
Does someone here speak Korean?
더즈 섬원 히어 스픽 코리안?

짐을 방으로 옮겨줄 사람이 필요한데요.
I need someone to bring my baggage up.
아이 니드 섬원 투 브링 마이 배기쥐 업.

방에 금고가 있습니까?
Does the room have a safety box?
더즈 더 룸 해브 어 세이프티 박스?

인터넷을 어디서 이용할 수 있어요?
Where can I use the internet?
웨어 캔 아이 유스 디 인터넷?

식당 예약을 좀 해주시겠어요?
Could you make a reservation for a restaurant, please?
쿠 쥬 메이크 어 뤠저베이션 포 러 뤠스토런, 플리즈?

이 소포를 한국으로 보내주세요.
I'd like to send this parcel to Korea.
아이드 라익 투 센드 디스 파슬 투 코리아.

공항 셔틀버스가 얼마나 자주 오나요?
How often does the airport shuttle bus come?
하우 오픈 더즈 디 에어포트 셔를 버스 컴?

■ 체크아웃

5시까지 짐을 맡길 수 있을까요?
Could you keep my baggage until five o' clock?
쿠 쥬 킵 마이 배기쥐 언틸 화이브 어클락?

몇 시에 체크아웃을 해야 하나요?
When's the check out time?
웬즈 더 체크아웃 타임?

하루 더 묵고 싶은데요.
I'd like to stay one more night.
아이드 라익 투 스데이 원 모어 나잇.

하루 일찍 나가고 싶은데요.
I'd like to leave one day earlier.
아이드 라익 투 리브 원 데이 얼리어.

체크아웃 부탁합니다.
Check out, please.
체크아웃, 플리즈.

11시 30분에 체크아웃 하겠습니다.
I'm going to check out at 11:30.
아임 고잉 투 체크아웃 앳 일레븐 써리.

방에 뭘 두고 왔어요.
I left something in my room.
아이 레프트 썸띵 인 마이 룸.

로비로 짐 옮기는 걸 도와주시겠어요?
Could you help me to take my baggage
down to the lobby, please?
쿠 쥬 헬프 미 투 테이크 마이 배기쥐 다운 투 더
로비, 플리즈?

택시를 불러주시겠어요?
Could you call a taxi for me?
쿠 쥬 콜 어 택시 포 미?

합계요금이 얼마죠?
How much is the total charge?
하우 머취 이즈 더 토럴 차아쥐?

계산서 주세요.
Bill, Please.
빌, 플리즈.

카드로 계산해도 되나요?
Can I pay by credit card?
캔 아이 패이 바이 크뤠딧 카드?

요금이 생각보다 높은 것 같아요.
This seems a little high.
디스 씸스 어 리를 하이.

계산에 실수가 있는 것 같은데요.
I think there is a mistake in this bill.
아이 띵크 데얼 이스 어 미스테이크 인 디스 빌.

제 비자카드로 해주세요.
Put it on my VISA, please.
풋 잇 온 마이 비자, 플리즈.

여행자수표도 취급하나요?
Do you accept traveler's checks?
두 유 억셉트 트뤠블러스 첵스?

맡긴 귀중품을 찾고 싶은데요.
I'd like my valuables back.
아이드 라이크 마이 밸류어블스 백.

짐이 4개 있어요.
I have four pieces of baggage.
아이 해브 포 피시스 오브 배기쥐.

식당 · 쇼핑

■ 주문하기

메뉴 좀 주세요.
Menu, please.
메뉴, 플리즈.

주문하시겠습니까?
May I take your order, please?
메아이 테익 유어 오더, 플리즈?

음료를 먼저 주문하겠습니다.
We'd like to order drinks first.
위드 라익 투 오더 드링크스 퍼스트.

조금만 더 기다려주시겠어요?
Would you give me a few more minutes?
우 쥬 깁 미 어 퓨 모어 미닛츠?

이 식당에서 잘하는 요리가 뭐죠?
What's the specialty of the house?
왓츠 더 스페셜티 오브 더 하우스?

오늘의 특별요리가 뭐죠?
What's today's special?
왓츠 투데이스 스페셜?

이것과 이걸로 하겠습니다.
I'll have this and this, please.
아일 해브 디스 앤 디스, 플리즈.

저것과 같은 걸로 주세요.
I'd like to have the same dish as that.
아이드 라익 투 해브 더 쌔임 디쉬 애즈 댓.

더 필요한 거 있으십니까?
Anything else?
애니띵 엘스?

디저트는 무엇으로 하시겠습니까?
What would you like to have for dessert?
왓 우 쥬 라익 투 해브 포 디저트?

■ 쇼핑하기

여성복 매장은 몇 층에 있나요?
Which floor is women's wear on?
위치 플로어 이스 위민스 웨어 온?

이 근처에 면세점이 있나요?
Is there a duty-free shop around here?
이스 데얼 어 듀리-프리 샵 어라운드 히어?

전자제품을 어디서 살 수 있어요?
Where can I buy electronic goods.
웨어 캔 아이 바이 어 일렉트로닉 굿즈?

찾으시는 물건 있으세요?
May I help you?
메아이 헬프 유?

그냥 구경하고 있어요.
I'm just looking around.
아임 저스트 룩킹 어라운드.

저쪽에 저것 좀 보여주시겠어요?
Could you show me that one there, please?
쿠 쥬 쇼우 미 댓 원 데어, 플리즈?

여자 친구에게 선물할 목걸이를 찾고 있어요.
I'm looking for a necklace for my girl friend.
아임 룩킹 포 러 넥클레이스 포 마이 걸프렌드.

이거 6사이즈 있어요?
Have you got this in size 6?
해 뷰 갓 디스 인 사이즈 식스?

다른 것 좀 보여주시겠어요?
Could you show me another one, please?
쿠 쥬 쇼 미 어나더 원, 플리즈?

면세품인가요?
Is it tax-free?
이즈 잇 택스 프리?

이 향수 좀 보여주시겠어요?
Would you show me this perfume?
우 쥬 쇼 미 디스 퍼퓸?

입어 봐도 되나요?
Can I try this on?
캔 아이 트라이 디스 온?

탈의실이 어디죠?
Where is the fitting room?
웨어 이스 더 휘링 룸?

어떤 종류의 색상이 있나요?
What kind of colors do you have?
왓 카인드 오브 컬러스 두 유 해브?

긴급 상황

■분실 · 도난

분실물 취급소가 어디죠?
Where is the lost and found?
웨어 이스 더 로스트 앤 화운드?

여권을 잃어버렸어요.
I lost my passport.
아이 로스트 마이 패스포트.

제 카메라를 잃어버렸어요.
I lost my camera.
아이 로스트 마이 캐머라.

가방을 버스에 두고 내렸어요.
I left my bag on the bus.
아이 레프트 마이 백 온 더 버스.

어디서 잃어버렸는지 모르겠어요.
I don't know where I lost it.
아이 돈 노 웨얼 아이 로스트 잇.

만약 찾으시면 이 번호로 전화주세요.
Please, call me at this number if you find it.
플리즈, 콜 미 앳 디스 넘버 이프 유 파인드 잇.

도둑이야! 저놈 잡아라!
Thief! Get him!
띠프! 겟 힘!

누가 제 가방을 빼앗아갔어요.
Someone took my bag.
썸원 툭 마이 백.

제 시계를 도난당했어요.
I had my watch stolen.
아이 해드 마이 왓치 스톨른.

어젯밤 제 방에 도둑이 들었어요.
Someone broke into my room last night.
썸원 브로크 인투 마이 룸 라스트 나잇.

■교통사고

누가 경찰 좀 불러주세요!
Somebody call the police!
썸바리 콜 더 폴리스!

위급 상황이에요.
It's an emergency!
잇츠 언 이멀젼씨!

구급차를 불러주세요.
I need an ambulance.
아이 니드 언 엠뷸런스.

교통사고가 났어요.
There's been a car accident.
데얼스 빈 어 카 액시던트.

교통사고를 당했어요.
I was in a car accident.
아이 워스 인 어 카 액시던트.

여기 부상당한 사람이 있어요.
There's an injured person here.
데얼스 언 인줘어드 펄슨 히어.

부상 상태가 어떤가요?
Tell me the healing of your injury?
텔 미 더 힐링 오브 유얼 인줘리?

출혈이 심합니다.
He is bleeding badly.
히 이즈 블리딩 배들리.

의식이 없어요.
He is unconcious.
히 이즈 언컨셔스.

숨을 못 쉬겠어요.
I can't breathe.
아이 캔트 브레뜨.

■병원에서

보험에 가입되어 있나요?
Do you have insurance?
두 유 해브 인슈어런스?

여행자보험이 있어요.
I have traveler's insurance.
아이 해브 트뤠블러스 인슈어런스.

진찰을 받고 싶은데요.
I need to see a doctor.
아이 니드 투 씨 어 닥터.

여기 한국어를 하는 의사가 있나요?
Is there a Korean-speaking doctor here?
이즈 데얼 어 코리안-스피킹 닥터 히어?

어디가 이상하시죠?
What seems to be the problem?
왓 씸스 투 비 더 프라블럼?

증상이 어떻습니까?
What are your symptoms?
왓 아 유어 씸텀스?

그가 다리 위에서 떨어졌어요.
He fell down from the bridge.
히 펠 다운 프롬 더 브륏지.

그가 기절했어요.
He fainted.
히 페인티드.

제 친구가 자동차에 치였어요.
A car ran over my friend.
어 카 랜 오버 마이 프렌드.

제 친구에게 응급처치를 해주시겠어요?
Could you apply first aid to my friend, please?
쿠 쥬 어플라이 퍼스트 에이드 투 마이 프렌드, 플리스?

189

몸이 아파요.
I feel sick.
아이 필 씩.

감기에 걸린 것 같아요.
I think I've got a cold.
아이 띵크 아이브 갓 어 콜드.

열이 있어요.
I have a fever.
아이 해브 어 피버.

두통이 있어요.
I have a headache.
아이 해브 어 헤드에익.

설사를 해요.
I've got the runs.
아이브 갓 더 런스.

기침이 멈추질 않아요.
I can't stop coughing.
아이 캔트 스탑 커휭.

계속 구토를 해요.
I keep throwing up.
아이 킵 쓰로윙 업.

여기가 아파요.
I feel pain here.
아이 필 페인 히어.

뭐가 잘못 된 거죠?
What's wrong with me?
왓츠 롱 위드 미?

식중독인 것 같네요.
Looks like you've got food poisoning.
룩스 라이크 유브 갓 푸드 포이져닝.

■약국에서

아스피린 있어요?
Can I have some aspirin?
캔 아이 해브 썸 애스퍼륀?

몸이 안 좋아요.
I don't feel well.
아이 돈 필 웰.

반창고 좀 주세요.
I need some band-aids, please.
아이 니드 썸 밴드-애이즈, 플리즈.

진통제 있어요?
Do you have painkillers?
두 유 해브 패인-킬러스?

안약 좀 주세요.
Can I have eye-drops, please.
캔 아이 해브 아이-드랍스, 플리즈.

소화불량에 어떤 약을 먹어야 하나요?
What should I get for indigestion?
왓 슈드 아이 겟 포 인디제션?

여기 처방전이 있어요.
Here's the prescription.
히얼스 더 프뤼스크립션.

이 처방전대로 조제해주세요.
Could I get this prescription filled?
쿠드 아이 겟 디스 프뤼스크립션 휠드?

처방전 없인 판매할 수 없습니다.
I can't sell this without a prescription.
아이 캔트 쎌 디스 위다웃 어 프뤼스크립션.

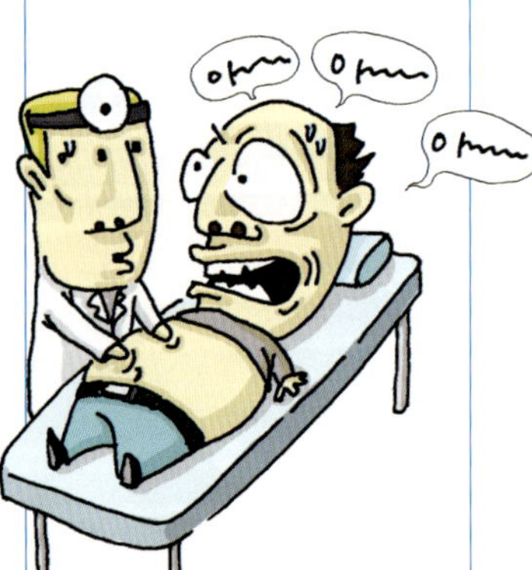

이 약을 어떻게 복용하죠?
How do I take this medicine?
하우 두 아이 테익 디스 메디씬?

얼마나 자주 복용해야 하나요?
How often do I take this pill?
하우 오픈 두 아이 테익 디스 필?

하루에 몇 알을 복용해야 하나요?
How many tablets should I take a day?
하우 매니 타블릿츠 슈드 아이 테이크 어 데이?

식사 전에 복용해야 하나요?
Should I take it before eating?
슈드 아이 테이크 잇 비포어 이링?

부작용은 없나요?
Are there any side effects?
아 데어 애니 사이드 이풱츠?

알레르기 있으세요?
Do you have any allergies?
두 유 해브 애니 알러지스?

이게 고통을 완화시켜줄 것입니다.
This will relieve your pain.
디스 윌 륄리브 유어 패인.

이걸 복용하면 통증이 나아질 것입니다.
If you take this pill, it will ease your pain.
이프 유 테이크 디스 필, 잇 윌 이즈 유얼 페인.

얼마 동안이나 안정을 취해야 하나요?
How long do I have to stay at home?
하우 롱 두 아이 해브 투 스테이 앳 홈?

여행을 잠시 멈춰야만 하나요?
Do I have to stop traveling for a while?
두 아이 해브 투 스탑 트뤠블링 포 러 와일?

지금은 한결 나아졌어요.
I feel much better now.
아이 필 머취 베러 나우.

초판 인쇄일 _ 2008년 6월 20일

초판 발행일 _ 2008년 6월 27일

발행인 _ 박정모

발행처 _ 도서출판 혜지원

주소 _ 서울시 동대문구 장안 1동 420-3호

전화 _ 영업부 02)2212-1227, 2213-1227

전화 _ 편집부 02)2249-7975

팩스 _ 02)2247-1227

홈페이지 _ http://www.hyejiwon.co.kr

지은이 _ MOOK 편집실

기획·진행 _ 강은혜, 유신향

교정·교열 _ 최현아

디자인, 본문편집 _ 지미숙

표지디자인 _ 김경미

영업마케팅 _ 김남권, 고광수, 황대일, 서지영

ISBN _ 978-89-8379-559-5
　　　　　978-89-8379-539-7 (세트)

정가 _ 7,800원

잘못 만들어진 책은 구입한 서점에서 교환해 드립니다.

인 | 터 | 콜 | G | I | F | T | 쿠 | 폰

무료통화이용권(콜렉트콜)

3,000원

- 외국에서 한국으로 전화시 착신번호마다 매월 1,000원씩 무료로 통화하실 수 있습니다! (3개번호)

우리은행 환율우대

쿠폰 NO.US GA **135248**

50%

- 본 쿠폰은 다른 우대서비스와 중복하여 사용 할 수 없으며, 우대율은 은행 사정에 따라 조정될 수 있습니다.
- 유효기간 : ~ 2008년 12월 31까지
- 우대 내용 후면 참조

※ 단, 미화기준으로 500달러 미만은 30% 할인

출국 준비물 위드공구 할인쿠폰

NO. W214619-1948

Discount Coupon **10~5%**

- 본 쿠폰은 1인 1회에 한하여 사용 가능합니다.
- 본 쿠폰은 다른 쿠폰과 중복하여 사용하실 수 없습니다.
- 일부 품목은 할인에서 제외될 수 있습니다. www.with09.net

with09·net

공항고속/센트럴시티 리무진 버스 할인권

NO. 903921

Limousine Bus Discount Coupon

2,000 원 할인권(1회)

- 유효기간 : ~ 2008년 12월 31일까지
- 홈페이지 : www.samhwaexpress.com
- 승차권 구입장소 및 이용방법 후면 참조
  www.centralcityseoul.co.kr

공항고속/센트럴시티 리무진 버스 할인권

NO. 903921

Limousine Bus Discount Coupon

2,000 원 할인권(1회)

- 유효기간 : ~ 2008년 12월 31일까지
- 홈페이지 : www.samhwaexpress.com
- 승차권 구입장소 및 이용방법 후면 참조
  www.centralcityseoul.co.kr

현재 계신 곳의 국가접속번호 📢 **카드번호 7890** #️ + 지역번호를 포함한 상대방 전화번호 + #️

※ 공중전화에서는 발신음을 먼저 확인하고 사용하세요. (발신음이 들리지 않을 경우 카드 또는 동전을 넣어주세요.)
사용예) 미국에서 한국(02-123-4567)으로 전화할 경우 **1877-705-0469** 📢 **카드번호 + # 📢 교환원 연결**

호 주	1800-007-548	미국(괌)	1877-705-0469	중국(북방)	108-8824
뉴질랜드	080-044-8043	사 이 판	1800-831-0366	중국(남방)	10800-140-0688
캐 나 다	1877-705-0474	하 와 이	1877-705-0471	일본(유선)	0044-2213-2325
그 리 스	0080-012-6546	오스트리아	0800-291-285	말레이시아	1800-80-8401
영 국	0800-032-3503	스 페 인	900-931-993	인도네시아	001-803-011-3411
프 랑 스	0800-900-092	체 코	800-142-542	필 리 핀	105-821
독 일	0800-101-2976	스 위 스	0800-562-317	홍 콩	800-967-360
이탈리아	800-708-044	벨 기 에	080-077-463	베 트 남	1783-500
네덜란드	080-0022-5196	헝 가 리	068-001-7175	태 국	001-800-120-664-908
포르투갈	8008-12982				

※ 지역에 따라 공중전화에서 사용이 제한될 수 있습니다.　　※ 기타 국가 접속번호 및 이용문의 : 인터콜 고객만족팀(02-568-9500)

※ 요금은 **hanarotelecom** 에서 **수신자부담**으로 청구합니다.

우리은행 환율우대 쿠폰안내

- 본 쿠폰은 1인 1회에 한하여 사용가능합니다.(개인에 한함)
- 우리은행 전 영업점(인천국제공항지점 제외)에서 외화현찰, 여행자수표를 환전하거나
  해외송금시 우대환율을 적용하여 드립니다.(중국화폐CNY는 30% 우대)
  – 할인우대율 : 당일고시 매매기준율과 대고객매매율 차이의 환전수수료 50~30%를 우대
- 본 쿠폰은 다른 우대조치와 중복하여 사용하실 수 없으며, 우대율은 은행사정에따라 조정될 수 있습니다.

유학이주센터

세종로 유학이주센터	02)399-2742	목동 유학이주센터 02)2652-4030	테헤란로 유학이주센터 02)554-3071/3
연희동 유학이주센터	02)324-7001	종로 YMCA 유학이주센터 02)738-8472	연세 유학이주센터 02)313-3198
압구정동 유학이주센터	02)541-2947	대치역 유학이주센터 02)569-9031	대치남 유학이주센터 02)567-0483
분당중앙 유학이주센터	031)704-1541	일산중앙 유학이주센터 031)919-0501	서면 유학이주센터 051)804-2007
도곡스위트 유학이주센터	02)2058-1100	수영만 유학이주센터 051)747-9701	

※ 무료상담전화 : 080-365-5000

쿠폰사용방법

www.with09.net 접속 ····▷ 회원가입 후 가입경로 "동호회 추천" ····▷ 우측 코드란에 쿠폰 NO.W214619-1948입력 가입완료되시면 전품목 할인된 가격으로 표기됩니다.

❎ 대표상품

이민가방, 여행가방, 전통기념품, 트랜스, 전세계 플러그, 침낭, 압축팩, 전기장판,
전자사전 등 전세계 출국준비물 **국내 최저가 판매**

문의전화 : (02)374-6227 / 010-6313-1664

공항고속/센트럴시티 리무진 버스 할인권 안내

Limousine Bus Discount Coupon

★ 이용구간

- 인천국제공항 –〉 강남 센트럴시티 방면
- 인천국제공항 –〉 서울역, 용산역 방면

승차권 구입장소 : 입국장(1층) 4A, 10B 출입구 옆 승차권 판매소

성함	E-mail	내용을 기입하셔야 이용 가능합니다.

★ 승차권 구입시 우대권 제출해 주십시오.(1인 1매에 한하여 타 쿠폰과 중복사용 불가)
★ 문의전화 : 센트럴시티 02)6282-0652 서울역 / 용산역 02)775-7915

공항고속/센트럴시티 리무진 버스 할인권 안내

Limousine Bus Discount Coupon

★ 이용구간

- 센트럴시티 –〉 인천국제공항(센트럴시티내 호남선터미널 1층 리무진 매표소)
- 서울역 –〉 인천국제공항(서울역 광장 역전파출소 앞 리무진 매표소)
- 용산역 –〉 인천국제공항(용산역 지상3층 달 주차장 리무진 매표소)

성함	E-mail	내용을 기입하셔야 이용 가능합니다.

★ 승차권 구입시 우대권 제출해 주십시오.(1인 1매에 한하여 타 쿠폰과 중복사용 불가)
★ 문의전화 : 센트럴시티 02)6282-0652 서울역 / 용산역 02)775-7915